KB129016

SPSS와 AMOS 활용예제와 함께

유아교육연구를 위한 고급통계

| 이경옥 저 |

학지사

머리말

이 책은 대학원의 고급통계 강의를 위한 교재로 집필되었다. 대학원 과정의 고급통계 강의를 하거나 학회나 소모임에서 구조방정식 모형 특강을 진행할 때, 유아교육분야 연구자들이 참고할 만한 적절한 교재가 없어 강의노트와 함께 여러 문헌을 자료집으로 묶어서 사용했다. 이렇게 고급통계를 강의한 지도 벌써 20여 년의 세월이 흘렀다. 해가 거듭됨에 따라 유아교육분야 연구에서도 새로운 통계 방법을 적용하려는 대학원 학생들의 열정과 더불어 고급통계를 다루는 교재에 대한 요구도 증가하였다. 구조방정식 모형을 비롯한 고급통계를 사용한 연구는 양적인 성장을 이루었지만, 아쉽게도 잘못 적용한 사례도 증가하고 있다. 부족하지만 이 책이 올바른 통계분석 방법을 정착시키는 데 기여할 수 있기를 바란다.

20여 년간 사용된 강의노트를 수정·보완하는 간단한 작업으로 쉽게 생각하고 시작하였는데 하나의 책으로 엮어 내는 과정은 생각만큼 쉽지 않았다. 이 책에서는 유아교육분야에서 연구를 수행하는 연구자들이 처음 고급통계를 접할 때 필요한 기초이론과 활용사례를 균형 있게 다루려고 노력하였다. 지나치게 이론에만 치중하게 되면 실제적인 분석이나 논문작성에 도움이 되지 못하는 이론서가 될 수도 있고, 사례에만 초점을 두면 이론에 대한 이해 부족으로 자칫 분석방법을 잘못 적용하는 결과를 초래할 수도 있다. 또한 혼자서도 고급통계를 적용할 수 있도록 고급통계의 기초 이론과 함께, SPSS와 AMOS 프로그램의 활용사례와 문헌사례를 포함하여 교재를 구성하였다.

이 책은 다음과 같은 특징을 지닌다.

첫째, 고급통계의 기초이론을 자세히 설명하고자 노력하였다. 고급통계 분석방법을 적절히 적용하기 위해서는 이론적 기초를 명확히 하는 것이 매우 중요하다. 그러나 유아교육분야의 연구자가 통계 공식이나 이론으로 인해 통계에 대한 불필요한 두려움을 가지지 않도록 가능한 한 기본적인 개념 중심으로 기술하고자 노력하였다.

둘째, 실제 수집한 자료로 연구문제를 설정하고 고급통계 분석방법을 적용하여 통계프로그램을 수행한 후 분석결과를 제시하고 해석하는 과정을 상세히 다루었다. SPSS를 사용한 교재 대부분은 메뉴를 중심으로 구성되어 있지만, 이 책에서는 명령문에 기초하여 분석방법을 설명하였다. SPSS 명령문을 사용하는 방식이 다소 생소할 수도 있으나 훨씬 더 간편하고 다양하게 활용할 수 있는 방법이다. 따라서 메뉴 사용법은 간략히 제시하고 명령문 중심으로 교재를 구성하였다. AMOS의 경우, 혼자서도 그래픽 모드를 사용할 수 있도록 그림자료를 최대한 친절하게 제시하였다. 분석결과도 있는 그대로 제시하고 간단한 설명을 덧붙여 분석결과를 쉽게 이해할 수 있도록 구성하였다.

마지막으로, 각 장 끝에 문헌사례를 제시하여 연구보고서 작성에 참고가 될 수 있도록 하였다. 문헌사례는 고급통계 이론에 관한 이해를 확장하고 연구자들이 고급통계 분석방법을 실제 연구에 적용하는 데 도움이 되는 매우 중요한 과정이라고 생각한다.

제1부에서는 고급통계의 기초(제1장)와 더불어 중다변량분석(제2장) 및 회귀분석과 경로분석(제3장)을 소개하였고, 제2부에서는 측정과 신뢰도(제4장), 타당도(제5장), 탐색적 요인분석(제6장)을 다루었다. 제3부에서는 구조방정식모형과 AMOS 프로그램을 소개하면서 구조방정식 모형을 활용한 경로분석(제7장), 확인적 요인분석(제8장), 잠재변수 구조모형(제9장)을 소개하였다. 부록에는 예제와 더불어 SPSS 명령문과 x^2 분포표를 정리하여 제시하였다.

이 책이 완성되기까지 많은 분의 도움이 있었다. 먼저, 고급통계 수업을 들으며 끊임없이 질문하면서 이 책의 징검다리를 하나씩 같이 만들어 간 덕성여자대학교 박사과정 학생들에게 감사의 인사를 전한다. 원고의 초안을 읽고 귀중한 도움을 준 이정수 박사님, 오새니 교수님, 이정미 교수님께도 감사의 말을 전하고 싶다. 박사학위 논문을 준비하는 바쁜 일정 속에서도 예제 자료를 수집하고 분석결과를 다듬어 준 윤혜주 선생님과 윤희진 선생님께도 감사를 전한다. 20여 년간 이 책의 출간을 말없이 기다려 주신 학지사의 김진환 사장님과 여러 차례에 걸친 수정작업에도 표와 그림까지 성실하고 꼼꼼하게 작업해 주신 편집부 여러분께도 감사를 전한다.

2021년 이경옥

자료분석 데이터 파일은 학지사 홈페이지 내
도사자료실에서 다운받아 사용하세요.

차례

제3장 회귀분석과 경로분석 45

제2부 측정이론과 요인분석

제4장 측정과 신뢰도 91

제5장 타당도 115

제6장 탐색적 요인분석 127

제3부 AMOS를 활용한 구조방정식 모형

제1부

SPSS를 활용한 고급통계

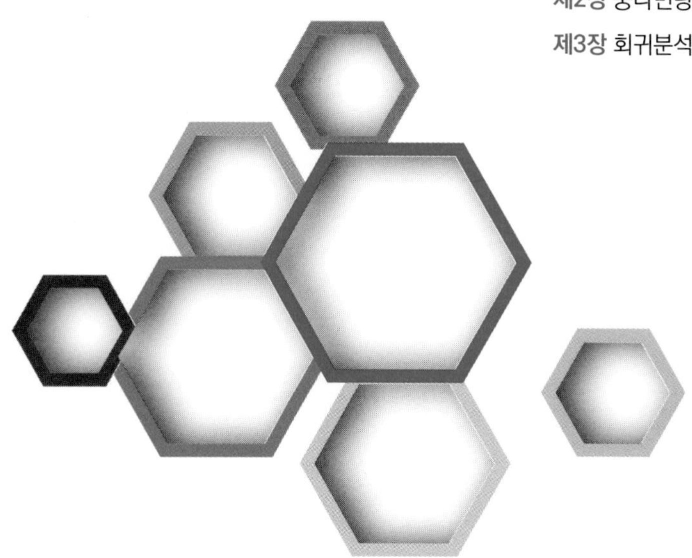

제1장 고급통계의 기초

1. 다변량분석이란

유아교육연구에서 다루는 연구주제를 적절히 설명하기 위해 수집한 자료의 다양한 관계성을 고려하여 동시에 분석해야 할 경우가 있다. 이와 같이 여러 변수 간의 복잡한 관련성을 고려하여 분석할 때 적절한 방법이 다변량분석이다. 다변량분석은 개별변수 간의 관계를 다루는 단변량분석(univariate analysis)과 달리 변수들 간의 복잡한 관련성을 고려한 통계분석 방법이다.

하나의 종속변수에 대한 자료분석을 다루는 단변량분석에는 *t*검정, 변량분석(ANOVA), 상관분석(correlation analysis), 단순회귀분석(simple linear regression analysis) 등이 포함된다. 반면, 다변량분석은 일반적으로 여러 변수 간 관계에 기초하여 자료를 설명하고 예측하는 것이 가능하다. 대표적인 다변량분석방법으로는 여러 개의 종속변수에 대한 분석을 위한 중다변량분석(MANOVA), 변수 간의 유사성을 찾아내는 요인분석(factor analysis), 여러 설명변수에 의해 얻어진 정보에서 결과변수를 추정하려고 하는 중다회귀분석(multiple regression analysis)과 경로분석(path analysis), 잠재변수를 포함한 구조방정식모형(structural equation model)

이 포함된다. 다변량분석에 사용되는 모든 자료는 다변량 정규분포(multivariate normal distribution)를 이루고 있음을 가정한다. 다변량분석을 적용할 경우, 통계적 검증력이 향상되며 통계적 오류, 즉 제1종 오류(α)를 최소화할 수 있다.

동시에 통계분석 방법을 선택할 때 '절약의 법칙(parsimony)'을 고려해야 한다. 즉, 가능한 한 단순한 통계분석 방법을 사용하되 통계적 검증력을 높이기 위해 다변량분석이 필요한 경우에만 다변량분석을 사용하는 것이 좋다. 다변량분석을 위한 기본 가정을 충족시키지 못한 경우 통계적 검증력에 영향을 미칠 수 있으므로 자료의 성격을 적절히 이해한 후 다변량분석을 적용하도록 한다.

2. 변수의 이해

1) 변수의 종류

연구문제는 여러 가지 종류의 변수를 포함하여 서술된다. 변수 간 상호관계의 특성에 따라 독립변수, 종속변수, 조절변수, 매개변수 등으로 나누어 볼 수 있다.

(1) 독립변수

독립변수(independent variable)는 관측된 현상에 대한 관계를 설명하기 위하여 실험자에 의해 조작되거나 연구자에 의해 선택된 변수이다. 독립변수는 결과변수에 선행하며, 다른 변수의 영향을 받지 않는 변수로, 다른 변수에 영향을 미치거나 다른 변수의 변화를 위해 조작된 변수이다. [그림 1-1]에서 X와 Y, 두 변수 간의 관계에서 X가 커지거나 작아짐에 따라 Y에 미치는 영향을 연구할 때, X를 독립변수라 한다. 독립변수는 연구대상이나 연구대상자의 행동에 영향을 미치는 변수이므로 이를 처치변수, 자극변수, 설명변수, 예측변수라고도 한다.

(2) 종속변수

종속변수(dependent variable)는 독립변수의 영향을 확인하기 위하여 관찰하거나 측정된 것으로 독립변수의 조작 또는 통제 여하에 따라 영향을 받는 변수이다. 즉, 종속변수는 독립변수에 따라 변화하는 변수를 말하여, 연구대상이나 연구상황에 따라 나타나는 변화의 결과를 나타낸다. [그림 1-1]에서 *X*와 *Y*, 두 변수 간의 관계에서 *X*가 변화함에 따라 나타난 결과인 *Y*를 종속변수라 한다. 실험적 연구가 아닌 기술적 연구에서는 연구자가 변수들을 임의로 조작하거나 통제하지 못하므로 반응변수 혹은 결과변수라고도 한다.

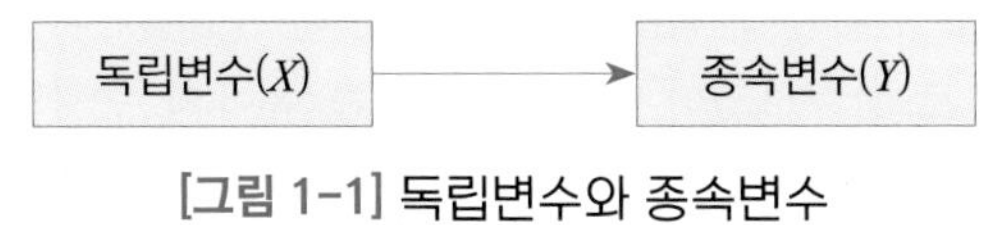

[그림 1-1] 독립변수와 종속변수

(3) 조절변수

조절변수(moderator variable)는 독립변수가 종속변수에 미치는 효과를 조절하여 방향이나 크기를 전환시키는 변수이다. 조절변수는 종속변수에 미치는 독립변수의 영향의 수준을 조절하여, 종속변수에 대한 독립변수의 영향을 부가적으로 설명하는 변수이다. [그림 1-2]와 같이 종속변수 *Y*에 대한 독립변수 *X*의 효과를 검토할 때 *X*와 *Y*의 관계의 특성이 조절변수인 *M*의 수준에 따라 달라진다. 일반적으로 조절변수는 독립변수와 상관이 없고 종속변수와 유의한 상관을 지닌다.

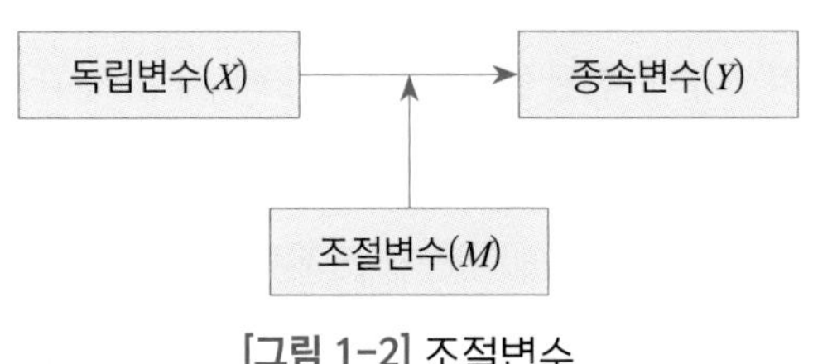

[그림 1-2] 조절변수

이원변량분석에서 다루는 상호작용 효과는 조절변수의 효과를 분석해 준다. 실험연구에서는 독립변수와 종속변수 사이에서 작용하여 종속변수에 미치는 독립변수의 영향을 연구대상자의 심리적 특성에 따라 달라지도록 조절한다고 하여 조절변수라고 한다. 실험처치(독립변수)가 실험결과(종속변수)에 미치는 영향을 조절하는 성별이나 학습능력 등과 같은 변수가 조절변수에 해당한다.

〈조절변수의 예〉

이야기를 활용한 수개념 활동을 수행한 유아집단(실험집단, $n=20$)이 기존의 수막대를 활용한 수개념 활동을 수행한 유아집단(통제집단, $n=20$)보다 수개념 능력이 향상되는지를 살펴보기 위한 연구를 수행하였다. 각 실험집단과 통제집단에는 남녀 유아가 동일한 비율로 참여하였다. 이 연구에서는 유아의 수개념 능력은 활동유형(즉, 실험처치)에 따라 차이가 없었는데, 각 활동에 참여한 남녀 유아의 수개념 향상 정도를 살펴본 결과, 기존의 수막대를 활용한 활동을 수행한 집단의 남녀 유아의 수개념 향상은 동일하였으나, 이야기를 활용한 수개념 활동에 참여한 집단의 경우, 여아가 남아에 비해 월등하게 수개념 능력이 향상되었다. 요약하면, 실험처치에 해당하는 활동유형이 수개념 능력의 향상 정도에 미치는 영향은 성별에 따라 달라졌다. 따라서 성별은 활동유형(독립변수)에 따른 수개념 능력의 향상 정도(종속변수)에 미치는 영향을 조절하는 조절변수라고 한다.

(4) 매개변수

매개변수(mediating variable)는 변수 간의 관계를 설명할 때, 두 변수 간의 사이에서 독립변수와 종속변수를 매개하는 변수이다. 예를 들면, $X \rightarrow M \rightarrow Y$와 같이, X의 효과가 M을 거쳐서 Y에 전달될 경우 X가 Y에 직접 연관되어 있을 수도 있으나 X가 일단 M을 거쳐서 Y에 간접적으로 영향을 미치는 경우 M은 X와 Y 사이의 매개변수의 역할을 한다고 본다. 매개변수는 X의 관점에서 보면 종속변수로 기능하지만 Y의 관점에서 보면 독립변수로 기능한다. 회귀분석, 경로분석, 구조방정식 모형을 통해 이러한 매개변수의 효과를 밝힐 수 있다. 일반적으로 매개변수는 독립변수나 종속변수와 유의한 상관을 지닌다.

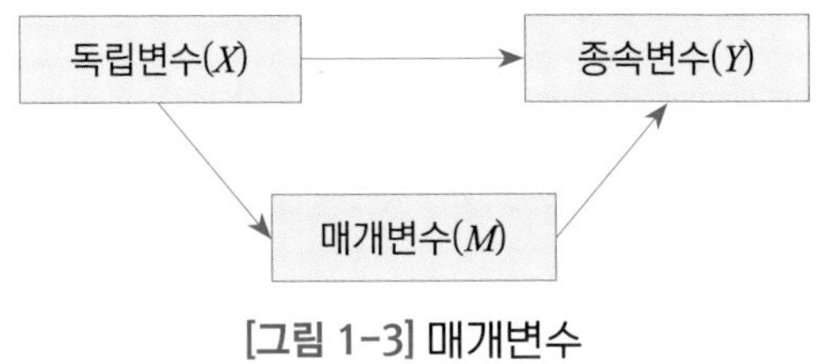

[그림 1-3] 매개변수

〈매개변수의 예〉

어머니의 교육수준(X)이 높을수록 유아의 어휘력 점수(Y)가 더 높았다면, 어머니의 교육수준(X)과 유아의 어휘력(Y)이 관련되어 있음을 의미한다. 어머니의 교육수준(X)이 높은 가정에서 더 많은 언어적 자극(M)이 제공됨을 알게 되었다면 어머니의 교육수준(X)은 언어적 자극(M)을 매개로 유아의 어휘력(Y)을 간접적으로 설명한 것임을 의미한다. 이 경우 어머니의 교육수준(X)과 유아의 어휘력(Y)의 관계에서 언어적 자극(M)이 매개변수이다.

2) 척도의 수준

유아교육연구에서 다루는 대부분 변수는 눈으로 직접 관찰하기 힘든 추상적 구성개념(construct)이다. 구성개념은 반드시 조작적으로 정의되어야 측정 가능하다. 조작적 정의(operational definition)는 변수를 측정할 때 요구되는 중요한 부분이다. 각 변수는 조작적 정의에 따라 체계적인 절차를 거쳐서 측정되며 각 변수는 측정 방식에 따라 다양한 척도를 사용한다. 척도(scale)는 사물이나 사람의 특성을 구체화하기 위한 측정의 단위를 말한다. 일반적으로 척도의 수준에 따라 명명척도, 서열척도, 동간척도, 비율척도 등의 4가지 수준으로 구분되며, 이러한 척도의 수준은 크게 질적 변수와 양적 변수로 나뉜다.

(1) 명명척도

명명척도(nominal scale)는 수적인 개념이나 양적인 크기가 아닌 범주나 집단으로 나누어지는 변수이다. 사람이나 사물을 구분하고 분류하기 위하여 이름을 부여하는 것처럼 숫자를 부여한다. 예를 들면, 성별은 남아와 여아로 구분되며, 이때 남아를 1, 여아를 2로 코딩한다. 그러나 성별에 이러한 수치를 부여한다고 하더라도 그 값은 양적인 의미를 지니지 않으며 단순히 각 범주에 이름을 부여하는 것과 같다. 실험연구에서 독립변수(예: 실험집단과 통제집단)도 명명척도이다.

〈명명척도의 사례〉

- 성별: (1) 남, (2) 여
- 기관 유형
  (1) 국공립어린이집
  (2) 직장어린이집
  (3) 민간어린이집
  (4) 가정어린이집
  (5) 기타

(2) 서열척도

서열척도(ordinal scale)는 사물이나 사람의 특성을 상대적 서열에 따라 구분하기 위해 사용되는 척도로 관찰된 내용을 범주로 분류하고 서열이나 등위로 측정한다. 서열척도는 단지 상대적으로 크고 작음의 서열적 의미를 지니며, 부여된 숫자 간 간격은 일정하지 않다. 예를 들어, 설문지에서 흔히 사용되는 Likert의 5점 척도에서 '아주 그렇다(5)'는 '그렇다(4)'보다 더 강한 동의를, '보통이다(3)'는 '그렇지 않다(2)'보다 더 강한 동의를 나타낸다. 이때 '아주 그렇다(5)'와 '그렇다(4)'의 점수차 1점과 '보통이다(3)'와 '그렇지 않다(2)'의 점수차 1점은 같은 숫자적 의미를 지니지 않는다. Likert의 5점 척도는 단순히 동의 정도를 서열적으로 제시한 서열척도이다.

〈서열척도의 사례〉

- 그리기 발달 단계:
  (1) 끄적거리는 단계 (2) 단순한 형태 단계
  (3) 무늬 단계 (4) 실제 사물 단계
- Liket 척도:
  (1) 매우 불만족, (2) 불만족, (3) 보통, (4) 만족, (5) 매우 만족

(3) 동간척도

동간척도(interval scale)는 서열적 의미와 더불어 점수 간의 간격이 동일한 척도로, 임의의 단위와 임의의 영점에 기초한다. 동간척도는 점수에 부여된 수가 동일한 간격이라고 보기 때문에 덧셈과 뺄셈의 법칙은 성립하지만, 절대 영점의 의미가 성립되지 않아 곱셈의 법칙은 성립하지 않는다. Likert의 평정척도의 경우, 개별 문항은 서열척도의 성격을 지니지만, 10문항으로 구성된 5점 척도의 총점은 10점에서 50점의 범위로 분포되며 어느 정도 동간척도의 성격을 지닌다. 예를 들어, 수학능력 검사에서 20점과 30점의 10점 점수차는 40점과 50점의 10점 점수차와 같다. 그러나 40점은 20점보다 두 배의 수학능력을 지닌 상태를 나타내는 것은 아니며 0점은 수학능력이 전혀 없음의 상태를 나타내는 것이 아니다.

〈동간척도의 사례〉

- 대부분의 검사점수나 지능지수(IQ): 예를 들어, 웩슬러 유아지능검사의 경우, 평균을 100, 표준편차를 15로 환산하여 전체 IQ 점수를 산출해 준다. 대부분의 아동(99.8%)이 55~145점 사이의 점수를 받는다.
- 5점 척도 30문항으로 구성된 교사-유아 상호작용: 30~150점의 점수분포로 나타난다.

(4) 비율척도

비율척도(ratio scale)는 서열척도와 동간척도의 특성을 모두 지니고 있으며 더불어 절대 영점의 개념도 지닌다. 따라서 비율척도의 경우, 덧셈의 법칙과 곱셈의 법칙이 모두 적용된다. 예를 들어, 새로운 사물에 대한 주의집중 시간이 60초인 영아는 30초인 영아보다 2배의 주의집중 시간을 보인다. 또한, 12개월 영아의 표현어휘 수가 10개에서 18개월에 80개가 되면 6개월간 영아의 표현어휘 수는 8배 증가한 것이다.

〈비율척도의 사례〉

- 영아의 키(cm)나 몸무게(kg)
- 영아의 주의집중 시간(초)

3) 질적 변수와 양적 변수

(1) 질적 변수

질적 변수(qualitative variables)는 질적으로 다른 성격을 지닌 범주들로 구성되며, 비연속변수 혹은 범주변수(categorical variables)라고도 한다. 명명척도와 서열척도 중 일부가 질적 변수에 해당한다. 대표적인 예로 성별, 기관 유형, 학력, 경력 등이 있다.

(2) 양적 변수

양적 변수(quantitative variables)는 양적인 크기를 나타내는 연속성을 지닌 값으로 구성된 변수로, 연속 변수(continuous variables)라고도 한다. 대부분의 동간척도와 비율척도가 양적 변수에 해당한다. 대표적인 예로, 연령, 경력(년), 어휘 수, 발달검사점수 등이 있다.

〈질적 변수와 양적 변수의 사례〉

교사의 경력은 질적 변수와 양적 변수로 사용할 수 있다.

- 질적 변수: 교사 발달단계에 따라 범주로 구분할 경우
  예 생존단계(1년), 강화단계(2년), 갱신단계(3~4년), 성숙단계(5년 이상)
- 양적 변수: 교사의 현직 근무 연수를 n년으로 나타낼 경우

3. 가설검증과 통계분석

1) 가설검증

가설검증이란 표본자료를 이용하여 모집단에 대한 가설의 신뢰도를 평가하는 과정이다. 이론에 근거하여 새로운 잠정적 가설을 설정하고 이러한 잠정적 가설에 대한 옳고 그름을 판단하는 과정을 가설검증이라고 한다.

(1) 영가설과 대안가설

가설은 두 가지 형식으로 서술된다. 영가설(null hypothesis)은 '집단 간 평균값의 차이가 없다($H_0:\overline{\mu}_1=\overline{\mu}_2$ 또는 $H_0:\overline{\mu}_1-\overline{\mu}_2=0$)' 또는 '두 변수 간 상관이 없다($H_0:\rho=0$)'와 같이 진술한다. 대안가설 혹은 대립가설(alternative hypothesis)은 영가설이 틀렸음을 진술하며, 연구가설(research hypothesis)이라고도 한다. 대안가설은 집단 간 평균값의 차이가 존재하거나($H_A:\overline{\mu}_1\neq\overline{\mu}_2$) 두 변수 간 상관이 있음($H_A:\rho\neq0$)을 진술한다.

〈영가설과 대안가설〉

- 영가설
  $H_0:\mu_m=\mu_f$, 즉 남아와 여아의 공격적 성향은 차이가 없다.
- 대안가설
  $H_A:\mu_m\neq\mu_f$, 즉 남아와 여아의 공격적 성향은 차이가 있다.

(2) 등가설과 부등가설

가설은 등가설(non-directional hypothesis)이나 부등가설(directional hypothesis)로도 표현하기도 한다. 등가설은 $H_0: \mu_1 = \mu_2$이나 $H_A: \mu_1 \neq \mu_2$처럼 일정한 방향이 없이 같거나 같지 않음으로 진술되는 가설이다. 반면, 부등가설은 특정한 방향을 명확히 제시한 가설($H_0: \mu_1 \leq \mu_2$이나 $H_0: \mu_1 > \mu_2$)이다.

〈등가설과 부등가설〉

- 등가설
  $H_0: \mu_m = \mu_f$, 즉 남아와 여아의 공격적 성향은 차이가 없다.
  $H_A: \mu_m \neq \mu_f$, 즉 남아와 여아의 공격적 성향은 차이가 있다.
- 부등가설
  $H_0: \mu_m \leq \mu_f$, 즉 남아의 공격적 성향은 여아보다 낮거나 같다.
  $H_A: \mu_m > \mu_f$, 즉 남아의 공격적 성향은 여아보다 높다.

2) 가설검증과 통계적 오류

연구자는 연구의 목표와 연구가설에 따라 통계적 가설을 설정하고, 수집된 자료를 바탕으로 가설의 채택 여부를 통계적으로 검증하여 결론을 내린다. 통계적 절차란 수집된 자료로 산출된 통계값을 사용하여 연구문제에 따라 설정된 가설을 검증하는 과정이다. 이러한 통계적 검증을 수행하는 동안 발생하는 오류를 통계적 오류라고 한다. 일반적으로 통계검증값이 실제 참인 영가설을 잘못하여 기각할 수도 있고, 반대로 실제 참이 아닌 영가설을 기각하지 못하는 오류를 범할 수도 있다.

H_0이 참일 때 이를 부정했다면, 이는 통계적 오류를 범한 것이며 이를 제1종 오류(α)라고 한다. 반면, H_0이 거짓일 때 이를 부정하지 못했다면, 이 또한 통계적 오류를 범한 것으로, 이를 제2종 오류(β)라고 한다. 그러나 H_0이 참일 때 이를 부

정하지 못했다면 옳은 결정($1-\alpha$)이며, H_0이 거짓일 때 이를 부정했다면 이 또한 옳은 결정($1-\beta$)이다.

〈표 1-1〉 가설검증과 의사결정

의사결정 (가설검증 결과)	진실(실제 모집단의 특성)	
	H_0: 참	H_0: 거짓
H_0을 부정 못함	☺ 옳은 결정($1-\alpha$)	제2종 오류(β)
H_0을 부정	제1종 오류(α)	☺ 옳은 결정($1-\beta$)

(1) 제1종 오류

영가설이 참일 때 이를 부정함으로 발생하는 오류를 제1종 오류(Type I Error, α)라고 한다. 제1종 오류는 연구자가 의사결정을 위한 준거를 설정함으로써 결정한다. 이와 같이 연구자가 설정한 크기를 유의수준(significant level)이라고 하며, 일반적으로 .05, .01, .001을 유의수준으로 설정한다. 예를 들어, 가설검정 절차에서 .05의 유의수준을 선택한다면, 이는 영가설(H_0)이 참임에도 불구하고 이를 기각하게 될 경우가 100번 중 5번 정도이며, 영가설을 기각하지 않은 결과가 옳은 판단일 확률(즉, 올바른 의사결정의 가능성)이 95%가 된다. 즉, 유의수준 $\alpha = .05$에서 영가설이 기각되었다는 것은 잘못된 의사결정을 내릴 확률이 5%(.05)임을 의미한다.

〈신뢰구간(confidential interval)〉

표본집단의 통계값으로부터 모집단의 모수값을 추리할 때, 모수값이 위치하리라고 추정되는 구간을 말한다. 이러한 추정에 대한 확신의 정도를 확률수준으로 표현한 것이 신뢰수준이며, 표본에서 추출된 통계값이 모집단의 모수값을 추정하는 데 신뢰할 수 있는 정도를 말한다. 일반적으로 Fischer의 제안에 따라 95% 또는 99% 신뢰수준이 많이 사용된다. 신뢰수준은 $1-\alpha$로, 모수값이 구간 밖에 있을 확률인 α의 나머지 부분에 해당한다. 즉, 95% 신뢰구간은 그 구간 내에 모수값이 있을 확률이 95%임을 의미한다. 통계값의 표집분포는 평균값과 표준오차로 나타난다.

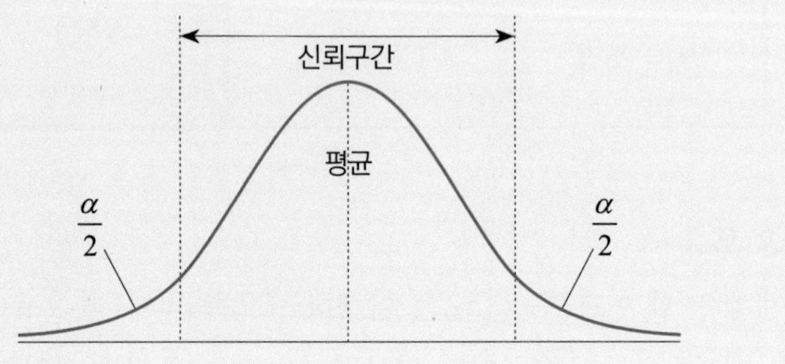

(2) 제2종 오류와 통계적 검증력

영가설이 거짓일 때 이를 부정하지 못함으로 발생하는 오류를 제2종 오류(Type II Error, β)라 한다. 제2종 오류(β)는 영가설이 거짓일 때 이를 긍정할 확률을 말하며, 영가설을 그릇되게 긍정하게 되는 확률을 말한다.

한편 제2종 오류를 β라고 할 때, 제2종 오류를 범하지 않을 확률($1-\beta$)을 통계적 검증력(power)이라고 한다. 통계적 검증력은 영가설이 참이 아닐 때, 이를 부정할 확률을 의미한다. 주로 $a=.05$에서 통계적 검증이 이루어지는데, 이는 일반적으로 $a=.05$에서 통계적 검증력이 극대화되기 때문이다.

(3) 유의확률

영가설을 부정할 때 사용되는 증거로 유의확률(probability) 혹은 p값(p-value)에 제시된다. p값은 영가설이 참일 때, 연구자가 관측한 극단적인 값을 획득할 확률로 산출한 통계값이 통계적으로 의미가 있을 확률을 나타낸다. p값이 작을수록 영가설을 부정할 수 있는 증거가 더 커진다. α값을 .05에 두고 의사결정을 하면 통계적 검증을 통해 얻은 p값이 .05보다 작으면 영가설을 기각한다. 일반적으로 $p<.05$이면 *, $p<.01$이면 **, $p<.001$이면 ***로 표기한다.

(4) 자유도

자유도(degree of freedom)란 주어진 조건에서 자유롭게 변화할 수 있는 점수나 범주의 수이다. 이는 연구자가 표본의 통계치로부터 모집단의 특성을 추론할 때 자유롭게 사용할 수 있는 정보의 수이다. 일반적으로 자유도는 $N-1$(사례수-1) 또는 $k-1$(집단수-1)로 나타난다. 편차의 합은 항상 0이 되며, 이를 위해 반드시 하나의 값은 편차의 합을 0으로 만들기 위해 정해진 값을 가질 수밖에 없으므로 자유도는 항상 하나의 값을 제외한 나머지가 된다.

(5) 모수추정

모수추정(parmeter estimation)이란 표본으로부터 수집된 자료를 이용하여 통계적 이론모형을 구성하는 계수들의 모수값을 추정하는 것을 말한다. 예를 들어, 회귀분석에서는 표본의 자료로 회귀모형을 나타내는 회귀선의 절편과 기울기에 해당하는 계수의 모수값을 추정한다. 구조방정식 모형에서의 모수추정은 표본의 자료를 이용하여 구조방정식 모형을 구성하는 경로계수, 측정계수, 오차계수 등의 모수값을 추정한다. 모수값은 직접 관찰되지 않는 집단의 속성으로 표본의 자료에서 얻어진 계수값은 무수히 많은 모수값 중 하나이며 모수추정 방법은 다양하게 개발되어 있다.

변량분석, 회귀분석을 포함하여 가장 널리 사용되는 방법은 최소제곱(least square) 추정으로 예측오차의 제곱합을 최소화하는 값을 찾아 준다. 구조방정식 모형에서 주로 사용하는 최대우도추정(maximum likelihood estimation)은 주어진 자료가 나타날 확률을 최대화하는 값을 찾아내는 모수추정방식이다.

제2장 중다변량분석

1. 중다변량분석의 이해

1) 목적

(1) 여러 종속변수에 대한 집단비교

일원변량분석(ANOVA)이 하나의 연속인 종속변수에 대한 집단비교를 위한 분석방법이라면, 중다변량분석(Multivariate Analysis of Variance: MANOVA)은 **여러 개의 연속인 종속변수에 대한 집단비교**를 위한 분석방법이다. MANOVA의 기본구조는 여러 개의 종속변수를 다룬다는 것을 제외하고 ANOVA와 동일하다. 즉, MANOVA는 독립변수가 범주형이고 연속인 종속변수가 여러 개일 때 사용한다. ANOVA는 집단 간 종속변수의 평균이 같다는 영가설을 검증한다면, MANOVA는 집단 간 종속변수들의 평균 벡터가 같다는 영가설을 검증한다.

MANOVA는 여러 개의 종속변수를 동시에 분석함으로써 제1종 오류(α)를 통제할 수 있으며 통계적 검증력이 향상된다. 예를 들어, 유의수준을 .05로 하여 5개의 종속변수에 대한 ANOVA를 실시할 경우, 종속변수에 실제 차이가 없더라도 영가설을 부정할 확률은 $1-.95^5=.23$(모든 종속변수가 전혀 상관이 없는 경우)과 .05(모든 종속변수가 완벽한 상관을 가진 경우) 사이가 되어 원하는 유의수준을 유지하기 힘들다. 그러나 MANOVA를 사용하면 모든 종속변수 간의 관계를 고려하여 동시에 분석함으로써 유의수준을 원하는 수준으로 통제할 수 있다.

(2) 중다변량분석의 선택

일반적으로 종속변수 간의 상관으로 인해 구조적으로 다변량분석이 필요한 경우나 종속변수 전체가 하나의 세트로 구성되어 내재적으로 다변량분석이 필요한 경우에 MANOVA를 선택한다. 유아교육 분야의 연구에서 다루는 모든 변수는 서로 관련되어 있으므로 MANOVA를 고려해 볼 수 있다. MANOVA를 사용하면, ANOVA로는 검증할 수 없는 종속변수 간 상관을 고려한 선형조합을 통해 종합적인 집단 차이를 검증할 수 있다.

그러나 통계분석방법을 선택할 때 불필요하게 복잡한 고급통계를 선택하기보다는 연구문제나 연구목적에 따라 분석방법이 적절한지를 먼저 검토하는 것이 좋다. MANOVA 분석을 실시하면 오히려 결과해석이 복잡하여 연구결과를 명확히 전달하기 힘들기도 하고 경우에 따라 MANOVA 분석이 불필요할 수도 있다. 따라서 유아교육분야의 연구를 수행할 때 연구주제에 대한 이론적 근거를 명확히 한 뒤, 연구결과를 정확히 해석하기 위해 MANOVA가 필요한지를 검토한 후 MANOVA를 선택하도록 한다.

2) 연구문제와 통계적 가설

(1) 연구문제

1. 교사의 발달단계(생존기, 강화기, 갱신기, 성숙기)에 따라 교사–유아 상호작용(정서적 · 언어적 · 행동적 상호작용)에 차이가 있는가?
2. 기관 경험에 따라 영아의 언어능력, 사회적 능력, 정서능력에 차이가 있는가?

(2) 통계적 가설

$$H_0: \begin{bmatrix} \mu_{11} \\ \mu_{21} \\ \vdots \\ \mu_{p1} \end{bmatrix} = \begin{bmatrix} \mu_{12} \\ \mu_{22} \\ \vdots \\ \mu_{p2} \end{bmatrix} = \cdots = \begin{bmatrix} \mu_{1k} \\ \mu_{2k} \\ \vdots \\ \mu_{pk} \end{bmatrix}$$

(즉, 모든 집단의 다변량 평균 벡터는 같다.)

〈ANOVA의 통계적 가설〉

$H_0 : \mu_1 = \mu_2 = \cdots = \mu_k$ (즉, 모든 집단의 평균은 같다.)

3) 기본 가정

(1) 독립성의 가정

관찰의 독립성은 가장 기본적인 가정이다. 모든 측정값은 개별 연구대상자로부터 수집되어야 하며 반복 측정되지 않아야 한다. 반복 측정된 표본이나 짝지어진 표본의 경우 집단 내 MANOVA를 실시하여야 한다.

(2) 정규성의 가정

모든 종속변수는 각 집단 내에서 다변량 정규성의 가정을 충족시켜야 한다. 일반적으로 표본수가 충분하고 적절히 표집된 경우 정규성의 가정은 크게 우려하지 않아도 된다. 최소한 각 집단별 사례수가 20은 넘어야 한다. 일반적으로 각 종속변수의 정규성이 다변량 정규성을 충족시키지는 못하지만 개별 종속변수가 정규분포를 이루면 다변량 정규성을 만족시킨다고 본다.

(3) 동질성의 가정

모든 집단 간 변량–공변량 행렬이 동일해야 한다. 만약 집단 간 표본의 크기가 유사할 경우 동질성의 가정을 크게 우려하지 않아도 된다. 일반적으로 가장 표본수가 큰 집단이 가장 표본수가 작은 집단보다 표본의 수가 1.5배가 넘지 않으면 된다. Box's M 검증은 공변량 행렬의 동질성 가정을 검토할 때 사용한다. 표본의 크기가 크거나 정규성의 가정을 위배할 때 동질성의 가정을 조금만 벗어나더라도 Box's M 검증 결과가 유의해지므로, 이 경우 Levene의 검증으로 이를 보완하는 것이 좋다.

(4) 선형성의 가정

MANOVA는 종속변수의 선형적 결합에 대한 변량분석을 통해 독립변수의 효과를 검증하기 때문에 종속변수들 간의 관계가 선형적이라고 가정한다. 자료 분석에 앞서 종속변수 간 비선형적 관계가 존재하는지 검토한다.

(5) 종속변수 간 관련성

종속변수 간의 상관 정도가 적절해야 한다. Bartlett의 구형성 검증을 실시하여 χ^2이 유의하면($p<.05$)이면, 종속변수 간 상관이 존재하므로 MANOVA를 적용할 수 있다. 반대로 χ^2이 유의하지 않으면($p>.05$)이면, 종속변수가 서로 독립적임을 의미하며 MANOVA를 적용하기보다는 종속변수별로 ANOVA를 수행하여 분석하는 것이 더 적절하다. 그러나 **종속변수 간의 상관관계가 지나치게 높을 경우, 다중공선성(multicollinearity)의 문제가 발생**하여 오히려 분석결과를 해석하는 데 더 큰 문제가 발생할 수도 있으므로 유의한다.

2. 기본이론

1) 다변량검증

MANOVA에서는 종속변수 선형조합에 있어 집단 간 차이가 있는지를 분석해 준다. 회귀분석이 결과변수를 예측하기 위하여 여러 예측변수의 조합으로 만들어진 모형의 적합도를 검증한다면, MANOVA의 다변량검증(multivariate test)을 위한 통계값은 종속변수의 조합에 있어서 집단 간 유의한 차이가 있는지를 분석해 준다.

MANOVA 모형은 다음과 같은 형식으로 표현할 수 있다.

$$Y_1+Y_2+\cdots+Y_n=X_1+X_2+\cdots+X_m$$

(연속변수) (범주변수)

MANOVA 모형은 여러 개의 종속변수를 다루고 있기 때문에 MANOVA의 변량은 하나의 숫자로 표현되는 ANOVA와 달리 제곱-교차곱의 합(Sum of Squares and Cross Products: SSCP)의 행렬(matrix) 형태로 표현된다. 일원중다변량분석(one-way MANOVA)의 전체 제곱-교차곱의 합의 행렬식은 다음과 같다.

$$\sum_{i=1}^{g}\sum_{i=1}^{n_i}(X_{ij}-\overline{X})(X_{ij}-\overline{X})'=\sum_{i=1}^{g}n_i(X_{ij}-\overline{X})(X_{ij}-\overline{X})'+\sum_{i=1}^{g}\sum_{i=1}^{n_i}(X_{ij}-\overline{X_i})(X_{ij}-\overline{X_i})'$$

$$T \quad = \quad H \quad + \quad E$$

(전체 SSCP) (집단 간 SSCP) (집단 내 SSCP)

이때 고유값(eigenvalue) $\lambda_1, \lambda_2, \cdots, \lambda_k$는 HE^{-1}에 의해 산출되어 다변량검증을 위한 통계값을 산출한다.

〈two-way MANOVA의 전체 SSCP 행렬〉

T	$=$	H_A	$+$	H_B	$+$	H_{AB}	$+$	E
(전체 *SSCP*)		(요인 *A*의 집단 간 *SSCP*)		(요인 *B*의 집단 간 *SSCP*)		(요인 *A*와 *B*의 상호작용 *SSCP*)		(집단내 *SSCP*)

(1) 다변량검증 통계값의 유형

MANOVA의 다변량검증에서 제공되는 네 가지 통계값은 *F*값으로 변환되어 통계적 유의수준(*p*값)과 함께 보고된다. 각 다변량통계값은 서로 다른 공식에 의해 산출되지만 하나의 영가설을 검증하기 위한 통계값으로 대부분 유사한 결과를 산출한다. 특히 두 집단을 비교하는 경우(독립변수의 범주가 2개인 경우)나 종속변수가 하나(ANOVA 검증이 가능한)인 경우에 4개의 통계값은 정확하게 일치한다.

① Pillai's trace: 종속변수의 선형조합이 설명할 수 있는 변량의 합으로, 항상 양수이다. 이 통계값이 클수록 선형조합의 설명력이 크다. 가장 강력하고 예민한 검증력을 지니며 오류가 발생할 우려가 있으면 결과를 기각한다. Wilks의 lambda(l)와 함께 MANOVA의 기본 가정을 위배할 때 가장 강력한 통계값이다.

② Wilks' lambda(λ): 종속변수의 선형조합으로 설명할 수 없는 변량을 나타내며, 0~1 사이의 값을 갖는다. 집단 간 다변량 함수의 차이가 클수록 λ값이 작아지므로, λ값이 작을수록 선형조합의 설명력이 크다. 가장 일반적이고 포괄적인 값으로 통계적 오류를 적절히 통제한다는 장점 때문에 많은 연구자가 선호하는 통계값이다.

③ Hotelling's trace: 이 통계값이 클수록 선형조합의 설명력이 크고, 항상 양수이다. Hotelling's trace는 Pillai's trace의 값보다 크고, Roy's 최대근보다 작은 값을 갖는다. 두 집단의 통계적 유의성을 검토하는 데 유용하다.

④ Roy's 최대근(Greatest Characteristic Root: GCR): 첫 번째 산출된 선형조합의 차이에 기초한 통계값으로, 항상 양수이다. 이 값이 클수록 선형조합의 설명력이 크다. Roy의 최대근은 종속변수 간 높은 상관을 보여 모든 기본 가정을 만족하고 모든 종속변수가 하나의 구성개념을 형성할 때, 즉 종속변수의 선형조합이 하나의 차원으로 설명될 때 가장 검증력이 뛰어나다.

〈다변량검증 통계값의 산출식〉

Pillai의 trace	Wilks' λ	Hotelling의 trace	Roy의 최대근
$V=\sum_{i}^{k}\frac{\lambda_i}{1+\lambda_i}$ $=trace(\frac{H}{H+E})$	$A=\prod_{i=1}^{k}\frac{1}{1+\lambda_i}$ $=\frac{\|Evert}{\|H+Evert}$	$T=\sum_{i}^{k}\lambda_i$ $=trace(\frac{H}{E})$	$\theta=\max_i \lambda_i$ $=\frac{H}{E}$의 최대고유값

이 때 고유값 $\lambda_1, \lambda_2, \cdots, \lambda_k$는 HE^{-1}로, 모든 다변량 통계값은 고유값을 사용하여 산출된다.

(2) 부분에타제곱

효과크기(effect size)에 해당하는 부분에타제곱(partial eta square, η^2)은 독립변수와 개별 종속변수의 관계성을 나타내는 값이다. η^2은 회귀분석의 R^2과 같이 종속변수에 대한 독립변수의 설명력을 의미한다. R^2은 독립변수와 종속변수가 모두 연속변수일 때 사용된다면 η^2은 독립변수가 범주변수이고 종속변수가 연속변수일 때 사용된다. η^2은 0에서 1 사이의 값을 가지며 η^2이 클수록 종속변수에 대한 독립변수의 설명력이 상대적으로 크다는 것을 의미한다.

$$\text{부분 } \eta^2 = \frac{SS_B}{SS_T}$$

(3) 다변량 F−검증

다변량검증은 총괄검사(omnibus test)로, 종속변수의 선형결합에 집단 간 차이가 있는지를 설명해 준다. 다변량검증 통계값의 유의성은 F−test를 통해 판단한다. 다변량 F−test는 다변량 종속변수의 평균벡터가 집단 간에 동일하다는 영가설을 검증한다. 다변량검증에 대한 F−test 결과가 유의하지 않으면, 종속변수의 선형조합에 있어 집단 간 차이가 없음을 의미한다. **다변량검증에 대한 F−test 결과가 유의할 경우에는 단변량검증이나 사후검증 결과를 검토한다.**

2) 후속검증

다변량검증 결과가 유의하면, 후속검증(Follow-up test)은 두 가지 방향으로 실시된다. ① 집단 간 차이가 있는 종속변수가 무엇인지(단변량 F검증), ② 어느 집단에서 차이가 있는지를 밝힌다(사후검증).

(1) 단변량 F검증

단변량검증은 다변량검증의 후속검증으로, **개별 종속변수의 효과를 검토한다.** 단변량검증의 목표는 여러 종속변수 중 유의한 결과에 기여하는 변수를 찾아내는 것이다. 개별 종속변수에 있어 집단 간 차이의 존재를 검증하는 단변량 F검증(univariate F−test)은 ANOVA의 F검증과 동일하다. 단변량검증에서 R^2값은 종속변수와 독립변수 간의 관련성의 정도를 나타낸다.

(2) 사후검증

사후검증(post hoc test) 결과는 **독립변수의 집단 중 어느 집단에서 차이가 발생하는지를 파악**하게 해 준다. 사후검증 방법으로는 LSD, Scheffe, Turkey 등이 있다. 사후검증 과정은 개별 종속변수의 유의한 집단차가 어느 집단에서 발생하는지를 밝히는 것으로 ANOVA의 사후검증과 동일하다.

(3) 판별함수분석

단변량 *F*검증 이외에 MANOVA의 후속검증 방법으로 판별함수분석(discriminant function analysis)을 적용하기도 한다. 판별함수분석은 여러 종속변수로부터 집단 간 차이를 구성하는 서로 상관이 없는 선형함수를 산출하는 통계적 방법이다. 판별함수분석으로부터 얻은 서로 독립적인 선형함수는 집단 간 차이의 고유한 특성에 관한 정보를 제공해 주며 이를 통해 분석결과의 해석을 용이하게 해 준다(Warne, 2014).

판별분석은 각 변수의 상대적 중요성을 나타내는 계수를 포함한 선형함수로 집단차를 가장 잘 파악하게 도와주는 변수가 무엇인지를 밝혀 준다. 또한 집단 간 차이를 극대화하는 선형함수로 집단 소속을 예측하여 연구대상을 집단으로 분류하도록 도와준다.

〈단계적 분석(step-down analysis)〉

여러 종속변수의 상대적인 기여를 검증하기 위하여 순서대로 종속변수를 투입하는 분석방법이다. 단계적 분석에서는 먼저 투입된 변수를 공변인으로 하여 이를 보정한 후 집단 간 차이를 검증한다. 즉, 첫 번째 단계의 *F*값은 univariate *F*와 동일하지만, 두 번째 단계의 *F*값은 첫 번째 종속변수의 변량을 제외한 두 번째 종속변수의 변량에 대한 효과를 나타낸다.

3) 분석절차

① 먼저 MANOVA가 필요한지를 검토한다. ANOVA에 비해 MANOVA를 적용했을 때 어떠한 장점이 있는지를 검토한다. 특히 종속변수 사이에서 상관관계가 있는지를 조사한다. 상관관계가 없으면 ANOVA를 실시하고, 적절한 상관관계가 있을 때 MANOVA를 실시한다.

② 기본 가정 중 다변량 정규분포성과 등분산성을 검토한다.

③ 다변량검증 결과를 검토한다. F검증 결과, H_0을 기각하지 못하면, 분석을 중단한다. F검증 결과가 H_0을 기각하면, 후속검증을 실시한다.

④ 사후검증의 방식은 매우 다양하지만, 일반적으로 단변량검증을 검토하여 어떤 종속변수에서 유의한 차이가 있는지 검토하고, 사후검사 결과에 기초하여 어떤 집단 간 차이가 있는지를 밝힌다.

⑤ 전체 분석결과를 정리하고 그 차이가 의미하는 바를 해석한다.

4) 주의사항

(1) 표본수

MANOVA는 ANOVA에 비해 표본의 크기가 충분히 커야 한다. 표본의 크기도 중요하지만 집단 간 표본수를 유사하게 설계하는 것이 중요하다. 집단 간 표본의 크기를 유사하게 구성할 경우 정규성이나 동질성의 가정을 우려하지 않아도 된다.

(2) 돌출값의 존재

MANOVA도 돌출값(outlier)의 존재에 매우 민감하게 반응한다. 돌출값은 제1종 오류에 영향을 미치므로 자료입력의 오류가 없는지, 돌출값이 실제로 존재하는지를 확인한다. 돌출값의 존재는 표본의 크기보다 통계적 검증력에 더 큰 영향을 미치므로 돌출값으로 인한 문제를 최소화하도록 한다.

3. SPSS 중다변량분석 분석사례

1) SPSS 명령문과 메뉴 활용법

- 분석 ⇨ 일반선형모형 ⇨ 다변량 … ▶ 종속변수, 고정요인(집단) 선택 … ▶ 사후분석 선택 ▶ 옵션 선택 ▶ 확인

```
GLM 종속변수1 종속변수2 종속변수3 by 집단
  /posthoc=집단(lsd scheffe)
  /emmeans=tables(집단)
  /print=desc homo rsscp etasq
  /design=집단.
```

2) MANOVA 분석사례

```
* 중다변량분석(MANOVA).
glm inter1 inter2 inter3 by exp
  /posthoc=exp(scheffe)
  /emmeans=tables(exp)
  /print=desc homo rsscp etasq
  /design=exp.
```

일반 선형 모형

기술통계량

	교사경력	평균	표준편차	N
정서적 상호작용	생존단계	3.9067	.55093	15
	강화단계	4.2077	.49309	26
	갱신단계	4.2931	.53247	29
	성숙단계	4.4000	.46268	55
	합계	4.2760	.51469	125
언어적 상호작용	생존단계	4.0200	.50171	15
	강화단계	4.1538	.48351	26
	갱신단계	4.2552	.54089	29
	성숙단계	4.3600	.45404	55
	합계	4.2520	.49507	125
행동적 상호작용	생존단계	3.9933	.46823	15
	강화단계	4.2308	.45323	26
	갱신단계	4.2483	.54943	29
	성숙단계	4.3873	.44806	55
	합계	4.2752	.48737	125

… 학력 집단별 평균과 표준편차

공분산 행렬에 대한 Box의 동일성 검정[a]

Box의 M	11.596
F	.607
자유도1	18
자유도2	14770.888
유의확률	.898

… 다변량 동질성 가정 검증

여러 집단에서 종속변수의 관측 공분산 행렬이 동일한 영가설을 검정합니다.[a]

a. Design: 절편 + exp

Bartlett의 구형성 검정[a]

우도비	.000
근사 카이제곱	460.640
자유도	5
유의확률	.000

… 종속변수 간 상관관계

잔차 공분산 행렬이 항등 행렬에 비례하는 영가설을 검정합니다.[a]

a. Design: 절편 + exp

다변량 검정[a]

효과		값	F	가설 자유도	오차 자유도	유의확률	부분 에타제곱
절편	Pillai의 트레이스	.985	2666.557[b]	3.000	119.000	.000	.985
	Wilks의 람다	.015	2666.557[b]	3.000	119.000	.000	.985
	Hotelling의 트레이스	67.224	2666.557[b]	3.000	119.000	.000	.985
	Roy의 최대근	67.224	2666.557[b]	3.000	119.000	.000	.985
exp	Pillai의 트레이스	.147	2.073	9.000	363.000	.031	.049
	Wilks의 람다	.857	2.099	9.000	289.765	.030	.050
	Hotelling의 트레이스	.161	2.110	9.000	353.000	.028	.051
	Roy의 최대근	.126	5.065[c]	3.000	121.000	.002	.112

… 다변량 검증 통계값

a. Design: 절편 + exp
b. 정확한 통계량
c. 해당 유의수준에서 하한값을 발생하는 통계량은 F에서 상한값입니다.

오차 분산의 동일성에 대한 Levene의 검정[a]

		Levene 통계량	자유도1	자유도2	유의확률
전문성인식	평균을 기준으로 합니다.	.154	3	121	.927
	중위수를 기준으로 합니다.	.239	3	121	.869
	자유도를 수정한 상태에서 중위수를 기준으로 합니다.	.239	3	100.287	.869
	절삭평균을 기준으로 합니다.	.168	3	121	.917
교수효능감	평균을 기준으로 합니다.	.225	3	121	.879
	중위수를 기준으로 합니다.	.223	3	121	.880
	자유도를 수정한 상태에서 중위수를 기준으로 합니다.	.223	3	113.446	.880
	절삭평균을 기준으로 합니다.	.226	3	121	.878
상호작용	평균을 기준으로 합니다.	.820	3	121	.485
	중위수를 기준으로 합니다.	.774	3	121	.511
	자유도를 수정한 상태에서 중위수를 기준으로 합니다.	.774	3	113.775	.511
	절삭평균을 기준으로 합니다.	.862	3	121	.463

여러 집단에서 종속변수의 오차 분산이 동일한 영가설을 검정합니다.[a]
a. Design: 절편 + exp

개체-간 효과 검정

소스	종속변수	제 III 유형 제곱합	자유도	평균제곱	F	유의확률	부분 에타제곱
수정된 모형	정서적	3.022[a]	3	1.007	4.086	.008	.092
	언어적	1.700[b]	3	.567	2.389	.072	.056
	행동적	1.955[c]	3	.652	2.867	.039	.066
절편	정서적	1790.264	1	1790.264	7262.756	.000	.984
	언어적	1786.337	1	1786.337	7533.259	.000	.984
	행동적	1801.399	1	1801.399	7926.670	.000	.985
exp	정서적	3.022	3	1.007	4.086	.008	.092
	언어적	1.700	3	.567	2.389	.072	.056
	행동적	1.955	3	.652	2.867	.039	.066
오차	정서적	29.826	121	.246			
	언어적	28.692	121	.237			
	행동적	27.498	121	.227			
전체	정서적	2318.370	125				
	언어적	2290.330	125				
	행동적	2314.120	125				
수정된 합계	정서적	32.848	124				
	언어적	30.392	124				
	행동적	29.453	124				

a. R 제곱 = .092 (수정된 R 제곱 = .069)
b. R 제곱 = .056 (수정된 R 제곱 = .033)
c. R 제곱 = .066 (수정된 R 제곱 = .043)

··· 단변량분석 통계값: 다변량 검증 통계값이 유의할 경우 검토

잔차 SSCP 행렬

		정서적 상호작용	언어적 상호작용	행동적 상호작용
제곱합 및 교차곱	정서적 상호작용	29.826	26.848	26.124
	언어적 상호작용	26.848	28.692	25.524
	행동적 상호작용	26.124	25.524	27.498
공분산	정서적 상호작용	.246	.222	.216
	언어적 상호작용	.222	.237	.211
	행동적 상호작용	.216	.211	.227
상관관계	정서적 상호작용	1.000	.918	.912
	언어적 상호작용	.918	1.000	.909
	행동적 상호작용	.912	.909	1.000

제 III 유형 제곱합 기준

추정 주변 평균

교사경력

종속변수	교사경력	평균	표준오차	95% 신뢰구간	
				하한	상한
정서적 상호작용	생존단계	3.907	.128	3.653	4.160
	강화단계	4.208	.097	4.015	4.400
	갱신단계	4.293	.092	4.111	4.476
	성숙단계	4.400	.067	4.267	4.533
언어적 상호작용	생존단계	4.020	.126	3.771	4.269
	강화단계	4.154	.096	3.965	4.343
	갱신단계	4.255	.090	4.076	4.434
	성숙단계	4.360	.066	4.230	4.490
행동적 상호작용	생존단계	3.993	.123	3.750	4.237
	강화단계	4.231	.093	4.046	4.416
	갱신단계	4.248	.089	4.073	4.424
	성숙단계	4.387	.064	4.260	4.515

사후검정
교사경력
Scheffe

다중비교

종속변수	(I) 교사 경력	(J) 교사 경력	평균차이 (I−J)	표준 오차	유의확률	95% 신뢰구간	
						하한	상한
정서적 상호작용	생존단계	강화단계	−.3010	.16098	.326	−.7574	.1554
		갱신단계	−.3864	.15790	.118	−.8341	.0613
		성숙단계	−.4933*	.14462	.011	−.9034	−.0833
	강화단계	생존단계	.3010	.16098	.326	−.1554	.7574
		갱신단계	−.0854	.13409	.939	−.4656	.2948
		성숙단계	−.1923	.11816	.452	−.5273	.1427
	갱신단계	생존단계	.3864	.15790	.118	−.0613	.8341
		강화단계	.0854	.13409	.939	−.2948	.4656
		성숙단계	−.1069	.11394	.830	−.4299	.2161
	성숙단계	생존단계	.4933*	.14462	.011	.0833	.9034
		강화단계	.1923	.11816	.452	−.1427	.5273
		갱신단계	.1069	.11394	.830	−.2161	.4299
언어적 상호작용	생존단계	강화단계	−.1338	.15789	.869	−.5815	.3138
		갱신단계	−.2352	.15487	.514	−.6743	.2039
		성숙단계	−.3400	.14184	.131	−.7422	.0622
	강화단계	생존단계	.1338	.15789	.869	−.3138	.5815
		갱신단계	−.1013	.13152	.898	−.4742	.2716
		성숙단계	−.2062	.11590	.371	−.5347	.1224
	갱신단계	생존단계	.2352	.15487	.514	−.2039	.6743
		강화단계	.1013	.13152	.898	−.2716	.4742
		성숙단계	−.1048	.11175	.830	−.4217	.2120
	성숙단계	생존단계	.3400	.14184	.131	−.0622	.7422
		강화단계	.2062	.11590	.371	−.1224	.5347
		갱신단계	.1048	.11175	.830	−.2120	.4217
행동적 상호작용	생존단계	강화단계	−.2374	.15457	.504	−.6757	.2008
		갱신단계	−.2549	.15161	.422	−.6848	.1749
		성숙단계	−.3939*	.13886	.050	−.7876	−.0002
	강화단계	생존단계	.2374	.15457	.504	−.2008	.6757
		갱신단계	−.0175	.12875	.999	−.3826	.3475
		성숙단계	−.1565	.11346	.594	−.4782	.1652
	갱신단계	생존단계	.2549	.15161	.422	−.1749	.6848
		강화단계	.0175	.12875	.999	−.3475	.3826
		성숙단계	−.1390	.10940	.657	−.4492	.1712
	성숙단계	생존단계	.3939*	.13886	.050	.0002	.7876
		강화단계	.1565	.11346	.594	−.1652	.4782
		갱신단계	.1390	.10940	.657	−.1712	.4492

사후검증 결과: 단변량 분석 통계값이 유의한 경우 검토

관측평균을 기준으로 합니다.
오차항은 평균제곱(오차) = .227입니다.
*. 평균차이는 .050 수준에서 유의합니다.

동질적 부분집합

Scheffe[a,b,c]

정서적 상호작용

교사경력	N	부분집합	
		1	2
생존단계	15	3.9067	
강화단계	26	4.2077	4.2077
갱신단계	29	4.2931	4.2931
성숙단계	55		4.4000
유의확률		.058	.595

… 사후검증결과 (동일 집단분류 방식): 단변량 분석 통계값이 유의한 경우 검토

동질적 부분집합에 있는 집단에 대한 평균이 표시됩니다.
관측평균을 기준으로 합니다.
오차항은 평균제곱(오차) = .246입니다.
a. 조화평균 표본크기 25.350을(를) 사용합니다.
b. 집단 크기가 동일하지 않습니다. 집단 크기의 조화평균이 사용됩니다. I유형 오차 수준은 보장되지 않습니다.
c. 유의수준 = .050.

언어적 상호작용

Scheffe[a,b,c]

교사경력	N	부분집합
		1
생존단계	15	4.0200
강화단계	26	4.1538
갱신단계	29	4.2552
성숙단계	55	4.3600
유의확률		.109

동질적 부분집합에 있는 집단에 대한 평균이 표시됩니다.
관측평균을 기준으로 합니다.
오차항은 평균제곱(오차) = .237입니다.
a. 조화평균 표본크기 25.350을(를) 사용합니다.
b. 집단 크기가 동일하지 않습니다. 집단 크기의 조화평균이 사용됩니다. I유형 오차 수준은 보장되지 않습니다.
c. 유의수준 = .050.

행동적 상호작용

Scheffe[a,b,c]

교사경력	N	부분집합	
		1	2
생존단계	15	3.9933	
강화단계	26	4.2308	4.2308
갱신단계	29	4.2483	4.2483
성숙단계	55		4.3873
유의확률		.310	.714

동질적 부분집합에 있는 집단에 대한 평균이 표시됩니다.
관측평균을 기준으로 합니다.
오차항은 평균제곱(오차) = .227입니다.
a. 조화평균 표본크기 25.350을(를) 사용합니다.
b. 집단 크기가 동일하지 않습니다. 집단 크기의 조화평균이 사용됩니다. I유형 오차 수준은 보장되지 않습니다.
c. 유의수준 = .050.

3) MANOVA 분석결과 보고

교사의 정서적, 언어적, 행동적 상호작용으로 구성된 교사-영유아 상호작용이 교사 경력에 따라 차이가 있는지 살펴보기 위하여 MANOVA를 실시하였다. 〈표 2-1〉에 교사 경력에 따른 교사-영유아 상호작용의 하위요인인 정서적, 언어적, 행동적 상호작용의 평균, 표준편차, MANOVA 결과를 제시하였다.

〈표 2-1〉 유아교사의 경력에 따른 교사-영유아 상호작용의 MANOVA 결과

종속변수	생존단계 (n=15)	강화단계 (n=26)	갱신단계 (n=29)	성숙단계 (n=55)	전체 (N=125)	단변량 F	Scheffe 사후검증
정서적 상호작용	3.91(.55)	4.21(.49)	4.29(.53)	4.40(.46)	4.28(.51)	4.086**	생존단계 < 성숙단계
언어적 상호작용	4.02(.50)	4.15(.48)	4.26(.54)	4.36(.45)	4.25(.50)	2.389	
행동적 상호작용	3.99(.47)	4.23(.45)	4.25(.55)	4.39(.45)	4.28(.49)	2.867*	생존단계 < 성숙단계

Wilks' λ = .857, F(9.289) = 2.099, p = .030.

교사의 정서적, 언어적, 행동적 상호작용으로 구성된 교사-영유아 상호작용에 대한 교사 경력에 따른 차이를 분석한 결과, *Wilks'* λ = .857(p < .05)로 통계적으로 유의하여 교사 경력에 따라 교사-영유아 상호작용의 하위요인 중 정서적, 행동적 상호작용에 차이가 있었다. 교사-영유아 상호작용에 대한 단변량 F검증을 실시한 결과, 정서적 상호작용(F(3,121) = 4.086, p < .01), 행동적 상호작용(F(3,121) = 2.867, p < .05)에서 집단 간 통계적으로 유의한 차이가 나타났다. Scheffe 사후검증 결과, 정서적 상호작용은 성숙단계 교사(M=4.40, sd=.46)가 생존단계의 교사(M=3.91, sd =.55)보다 높았고, 행동적 상호작용 또한 성숙단계 교사(M=4.39, sd=.45)가 생존단계의 교사(M=3.99, sd=.47)보다 높게 나타났다. 이러한 결과를 종합할 때, 언어적 상호작용에서는 경력에 따른 차이가 없었으나 정서적, 행동적 상호작용에서는 경력 1년 미만의 생존단계의 교사보다 경력 6년 이상의 성숙단계 교사의 정서적, 행동적 상호작용 수준이 높음을 알 수 있다.

4) MANOVA 문헌사례

〈표 2-2〉 Differences between raters in K-BBRS-2

Scale	Teacher (n=1,075)		Parent (n=336)		F	effect size
	M	sd	M	sd		
Disruptive Behavior	38.18	18.44	35.93	10.99	4.49*	.15
Attention and Impulse Control Problems	23.97	12.26	21.38	6.68	13.68***	.27
Emotional Problems	25.69	9.45	26.46	7.49	1.84	−.09
Social Withdrawal	13.41	5.63	12.59	4.25	5.96*	.16
Ability Deficits	16.66	8.12	14.76	4.47	16.74***	.30
Physical Deficits	12.76	5.14	12.49	4.06	.75	.06
Weak Self-Confidence	16.03	7.46	15.25	5.40	3.16	.12

Note. *Wilks'* λ=.950, F(7.1403)=10.524***

K-BBRS-2로 평정한 한국 아동·청소년의 부적응행동 특성을 평정자에 따라 차이가 있는지 살펴보고자 다변량분석(MANOVA)을 실시한 결과, 평정자(*Wilks'* λ =.947, F=11.173***)에 따라 차이가 있는 것으로 나타났다. 품행장애, 주의·충동성문제, 지적문제, 신체문제에서 교사의 부적응 평정이 부모의 평정보다 높았다. 이러한 결과는 평정자를 고려하여 규준을 개발할 필요가 있음을 시사했다.

출처: 이경옥, 이상희, 박혜원(2017).

제3장 회귀분석과 경로분석

1. 회귀분석의 이해

1) 목적

(1) 예측

회귀분석(regression analysis)은 하나 이상의 독립변수(설명변수)로 구성된 1차 선형함수모형으로 종속변수(결과변수)를 설명하거나 예측(prediction)할 때 사용되는 통계분석 방법이다. 이때 독립변수의 수가 하나이면 단순선형회귀분석(simple linear regression analysis)이라 하고, 독립변수의 수가 둘 이상이면 중다선형회귀분석(multiple linear regression analysis)이라고 한다. 회귀분석은 결과변수를 설명하거나 예측하기 위한 목적으로 사용되기 때문에 독립변수를 설명변수 혹은 예측변수(prediction variable, predictor)라 하고 종속변수를 결과변수(predicted variable) 혹은 준거변수(criterion)라고 한다.

〈중다선형회귀분석과 로지스틱회귀분석〉

중다선형회귀분석은 종속변수와 독립변수가 모두 연속일 때 사용할 수 있는 통계적 방법이지만 독립변수가 비연속일 경우에는 더미코딩을 사용하여 중다선형회귀분석을 수행할 수 있다. 종속변수가 비연속일 경우에는 로지스틱회귀분석(logistic regression analysis)을 사용한다.

일반적으로 상관관계분석의 목적은 단순히 두 변수 사이의 관련성을 분석하는 것인 반면, 회귀분석은 연구자가 관심을 두는 종속변수를 가장 잘 예측하는 독립변수의 선형조합을 제시하는 것을 목적으로 한다. 즉, 회귀분석은 회귀식을 사용하여 독립변수를 가지고 종속변수의 변화를 예측할 때 사용한다. 그러나 회귀분석의 결과가 두 변수 간의 인과적 관계를 보장하는 것은 아니다. 인과관계나 예측모형을 적용하기에 앞서 반드시 두 변수 간의 인과적 관계를 설명할 수 있는 논리적, 이론적 근거를 확보해야 한다. 즉, 회귀분석의 결과가 변수 간의 인과적 관계를 확증해 주는 것이 아니므로 해당 분야의 충분한 이론이나 선행연구에 근거하여 이론적이고 논리적으로 탄탄한 가설을 설정하는 것이 우선되어야 한다. 따라서 조사연구에서 무리하게 인과적 관계를 가정하기보다는 여러 개의 설명변수로 준거변수에 대한 상대적 설명력을 밝히는 것으로 연구문제를 설정하는 것이 적절하다.

〈회귀분석과 인과관계〉

일반적으로 회귀분석을 사용하면 인과관계를 증명할 수 있다고 생각하는데, 이는 매우 잘못된 생각이다. 두 변수 간의 인과관계는 통제와 조작을 통한 실험연구를 통해서만 가능하다. 두 변수 간의 상관관계는 인과관계를 위한 전제조건일 뿐이다. 인과관계를 설명하기 위해서는 다음과 같은 전제조건이 요구된다.

[인과관계의 전제조건]

1. 두 변수가 유의한 상관관계를 가지고 있어야 한다. (상호관련성)
2. 원인변수가 결과변수보다 시간적으로 선행하여야 한다. 즉, 원인변수가 결과변수보다 시간적으로 앞서 발생하여야 한다. (시간적 선행성)
3. 원인변수 이외에 다른 변수가 결과변수에 미치는 영향이 없어야 한다. 즉, 외생변수를 통제해도 원인변수가 결과변수에 미치는 영향력이 존재해야 한다. (외생변수 통제 후 영향력의 존재)

(2) 예측모형의 적절성과 설명변수의 설명력 검증

회귀분석에서 하나 이상의 독립변수로 구성된 함수모형으로 종속변수를 설명하거나 예측하고자 할 때, 함수모형의 적절성(model fitness)과 모형에 포함된 각 설명변수의 설명력을 검증한다. 다중회귀분석 결과는 결과변수의 전체 분산 중 모형에 포함된 모든 설명변수에 의한 설명력(R^2)과 각 설명변수의 상대적 설명력(β)에 대한 정보를 제공해 준다. 이때 제공되는 모형 전체의 설명력과 개별 설명변수의 상대적 설명력의 추정값은 모형에 포함된 설명변수 간의 상관관계를 고려하여 산출된다. 일반적으로 회귀모형의 적합성은 결과변수의 변량에 대한 전체 설명변수의 설명량을 나타내는 R^2로 평가하고, 개별 설명변수의 상대적 설명력은 회귀식에 나타난 표준화된 회귀계수(β)를 참고한다.

〈R^2(결정계수)와 β(표준화된 회귀계수)〉

결정계수, R^2는 한 변수가 다른 변수를 설명하는 비율 혹은 두 변수가 공유하는 변량(shared variance)을 의미한다. 예를 들어, 두 변수의 상관관계계수 r값이 .6이면 R^2는 .36이 되고 결과변수의 변량의 36%가 설명변수에 의해 설명됨을 의미한다. 중다회귀분석에서 모형적합도를 나타내는 R^2는 다수의 설명변수가 결과변수를 설명하는 정도를 나타낸다. 즉, R^2는 결과변수에 대한 개별 설명변수의 설명력이 아니라 모형에 포함된 설명변수 전체의 설명력을 의미한다.

개별 설명변수의 설명력은 표준화된 회귀계수, β_i로 나타내며, 다른 설명변수를 통제했을 때 결과변수에 대한 해당 설명변수의 상대적 설명력을 의미한다. 즉, β_i값은 독립변수의 독자적 기여도(unique contribution)를 나타낸다. 단순회귀분석에서 β값은 상관관계계수 r값과 동일하며 결정계수 R^2는 β값이나 r값을 제곱한 것과 같다.

2) 연구문제와 통계적 가설

(1) 연구문제

1. 아동의 학업성취도에 대한 언어능력의 설명력은 어떠한가?
2. 유아의 정서능력 발달에 있어 부모의 양육행동과 정서표현, 유아의 기질과 인지능력의 설명력은 어떠한가?
3. 직무환경, 조직문화에 사회적 지지도를 추가하면 유아교사의 행복감에 대한 설명력은 어떻게 변화하는가?

(2) 통계적 가설

$$H_0 : R^2 = 0$$

$$H_0 : \beta_1 = \beta_2 = \cdots = \beta_k = 0 \text{ 또는 } H_0 : \beta_i = 0$$

〈연구문제와 가설 서술에 있어 주의할 사항〉

일반적으로 회귀분석에 기초하여 인과관계나 영향력에 대한 연구문제를 제시하는 경우가 많다. 회귀분석을 통해 인과관계를 설명하는 것이 아니라 인과관계를 가정한 연구모형을 회귀분석을 통해 검증한다고 보는 것이 적절하다. 따라서 회귀분석에 대한 연구문제에 종속변수에 대한 독립변수의 영향력이라고 서술하기보다는 설명력이라는 용어를 사용할 것을 제안한다.

- 부적절한 서술사례: 어머니의 기질과 정서표현은 유아의 정서능력에 어떠한 영향력을 미치는가?
- 적절한 서술사례: 유아의 정서능력에 있어 모의 기질과 정서표현의 상대적 설명력은 어떠한가?

3) 기본 가정

(1) 선형성

회귀분석에서는 설명변수와 결과변수는 선형적인 관계(linear relationship)를 가정한다. 회귀분석에서는 설명변수와 종속변수의 관계를 설명하거나 예측할 때, 직선의 방정식에 기초하여 회귀모형을 산출한다.

(2) 연속성

종속변수는 양적인 연속변수임을 가정한다. 종속변수가 범주변수인 경우, 로지스틱회귀분석을 실시한다.

(3) 독립성

회귀식을 산출하는 데 사용되는 변수는 독립성의 가정을 충족시켜야 한다. 각 결과변수의 값은 개별 연구대상자로부터 관측되어야 한다. 독립성의 가정은 연구설계의 단계에서 고려하여, 독립성의 가정이 충족될 수 있도록 한다. 독립성의 가정은 Durbin-Watson 통계량을 사용하여 검정할 수 있다. 통계값이 0에 가까우면 양의 상관을, 4에 가까우면 음의 상관을 보여 독립성의 가정을 위배할 우려가 있으며 2에 가까우면 회귀모형의 오차에 자기 상관이 없음을 의미하여 독립성의 가정이 충족되었다고 본다.

(4) 등분산성

다른 모수통계와 마찬가지로 각 설명변수에 대한 결과변수의 모집단의 변량은 동질하여야 한다. 회귀분석에서는 잔차항의 분산이 독립변수의 크기에 영향을 받지 않아야 한다. 등분산성의 가정을 충족시키지 못할 경우, 회귀모형에 의한 추정값이 과대평가되거나 과소평가될 우려가 있다. 대체로 표본수가 충분하고 돌출값(outlier)이 없다면 동질성의 가정을 크게 우려하지 않아도 된다.

일반적으로 등분산성은 잔차분포를 통해 검토한다. 잔차분포의 분산이 동질할 때, 설명변수의 모든 값에 대한 결과변수의 예측오차가 동일하게 예측될 수 있다. 특히 잔차의 등분산성의 가정을 충족하려면, 잔차분석에서 나타난 분포패턴이 특정 경향(증가 혹은 감소)을 나타내지 않아야 한다.

(5) 정규성

단순회귀분석에 포함된 두 변수 중 하나의 변수가 정규분포를 이루지 못한다면 두 변수 간의 직선적 관계를 적절히 반영할 수 없다. 중다회귀분석에서는 설명변수의 조합에 따른 결과변수가 정규분포를 이루어야 한다. 그러나 표본의 크기가 30명 이상으로 충분할 경우, 정규성의 가정을 크게 우려하지 않아도 된다. 잔차분포를 분석하거나 표본의 크기에 따라 Kolmogorov-Smirnov test나 Shapiro-Wilk test를 사용하여 유의성을 검토한다.

2. 단순회귀분석

1) 산포도와 회귀선

단순회귀분석에 사용되는 회귀방정식은 두 변수의 산포도(scatter plot)에 나타난 점들을 대표하는 회귀선(regression line)을 나타낸다. 즉, 회귀방정식은 산포도의 각 점(x, y)을 가장 잘 대표하는 값을 나타내는 직선의 방정식이다. 설명변수 x값에 대한 종속변수 y의 예측값 y'를 수식으로 표현하면 다음과 같다.

$$y' = b_0 + b_1 x$$

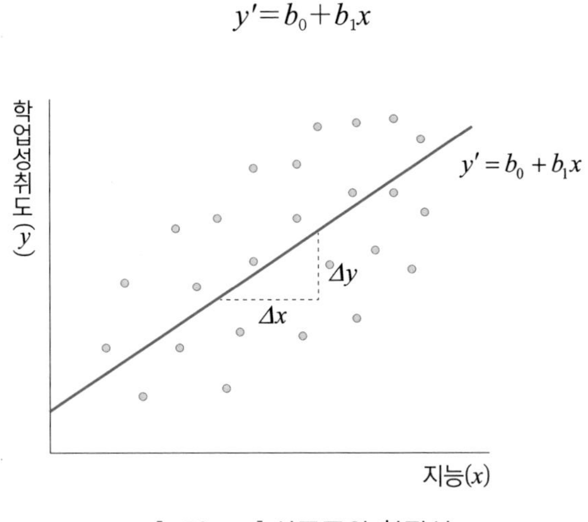

[그림 3-1] 산포도와 회귀선

b_0는 y절편으로 x가 0일 때 y의 값이고, b_1은 직선의 기울기로 x가 1점 증가할 때 y의 예측치(y')가 얼마나 변화하는지를 나타낸다. 예를 들어, 지능과 학업성취도의 상관이 완벽하다면$(r_{xy} = 1)$, 모든 점은 하나의 직선을 이루겠지만, [그림 3-1]과 같이 두 변수의 상관이 완벽하지 않은 경우 회귀선 주변에 점들이 흩어져 분포한다.

2) 회귀분석모형의 분산분석

단순회귀모형에서는 y의 예측값(y')은 설명변수 x의 회귀식에 의해 산출된다. 회귀선은 각 점으로부터 회귀선에 이르는 수직선의 제곱합$(\sum(y' - \overline{y})^2)$이 최소화되는 선이다. 두 변수 간의 상관이 1이 아닌 경우(회귀선상에 모든 관찰값이 존재하지 않는 경우) 회귀식에 의해 예측된 y'값은 항상 실제 y값을 정확하게 예측하지 못하므로, 두 값 사이에는 차이$(y - y')$가 존재한다.

[그림 3-2]에 제시한 것처럼, 즉 결과변수의 관측값과 평균값의 편차점수$(y-\bar{y})$는 예측값과 평균값의 차$(y'-\bar{y})$와 관측값과 예측값의 차$(y-y')$로 나뉜다. 즉, 각 편차점수는 회귀식에 의해 예측(설명)되는 부분과 회귀식에 의해 예측되지 않는 부분(예측오차)을 나타낸다.

$$(y-\bar{y})=(y'-\bar{y})+(y-y')$$

편차점수 = 회귀식에 의해 예측된 부분 + 회귀식의 예측되지 않는 부분

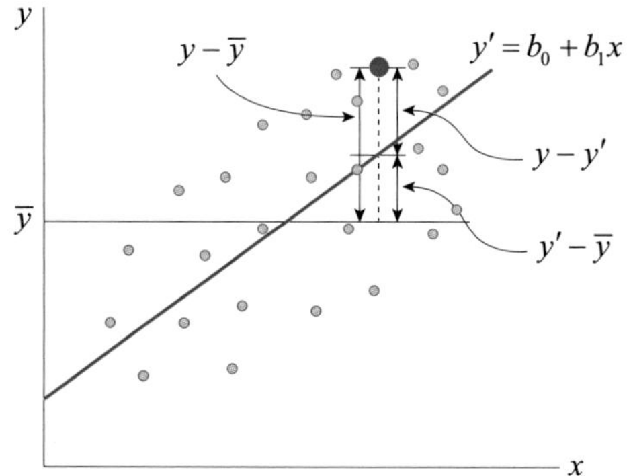

[그림 3-2] 관찰값, 회귀식에 의한 예측값, 예측오차

전체변량을 각 점수의 편차점수의 제곱합의 공식으로 나타내면, y_1의 전체변량은 회귀식에 의해 설명되는 부분과 회귀식에 의해 설명되지 않는 부분으로 나뉜다.

$$SS_{total}=SS_{reg}+SS_{res}$$

$$\sum(y-\bar{y})^2=\sum(y'-\bar{y})^2+\sum(y-y')^2$$

이때, 전체변량 $\sum(y-\bar{y})^2$은 전체 제곱합(SS_{total}: sum of square of total)을 의미하고, $\sum(y'-\bar{y})^2$은 회귀식에 의해 설명되는 예측변량(SS_{reg}: sum of square of regression), $\sum(y-y')^2$은 회귀식에 의해 설명되지 않는 오차변량 혹은 잔차변량(SS_{res}: sum of square of residual)을 나타낸다.

회귀분석에서는 오차변량 $\sum(y-y')^2$이 최소가 되는 회귀선으로 예측력을 극대화한다. 즉, 최소제곱(least squares)기준을 사용하여 관찰된 y값과 예측된 y'값 간 차이를 제곱합한 오차변량을 최소화하는 b_0와 b_1값을 산출한다.

〈전체변량, 예측변량, 오차변량의 관계〉

두 변수가 상관이 0이라면($r_{xy}=0$인 경우), 회귀식의 기울기는 0이 된다. 즉, 기울기가 0인 회귀식은 $y'=b_0$로, 모든 y_1값을 대표하는 값은 평균값이다. 따라서 모든 점수는 x값과 무관하게 y의 평균값을 중심으로 분포하여 y의 전체변량은 x와 무관한 잔차의 변량이 된다. 이를 공식으로 나타내면, $r_{xy}=0$이면, $SS_{reg}=\sum(y'-\overline{y})^2=0$으로, $\sum(y-\overline{y})^2=\sum(y-y')^2$이고 $SS_{total}=SS_{res}$이 된다.

반대로 두 변수가 완벽한 상관을 이루는 경우($r_{xy}=1$), 모든 점수가 회귀선($y'=b_0+x_1$) 위에 나타난다. 즉, 회귀선은 모든 값을 정확하게 예측하여 전체변량은 회귀식에 의해 완벽하게 설명되며, 잔차의 변량은 0이 된다. 이를 공식으로 나타내면, $r_{xy}=1$이면, $\sum(y-\overline{y})^2=0$으로, $\sum(y-\overline{y})^2=\sum(y'-\overline{y})^2$이고 $SS_{total}=SS_{reg}$이 된다.

3) 회귀분석모형의 통계적 검증

회귀분석모형의 통계적 검증은 분산분석의 F값을 사용하여 실시한다. 앞서 산출된 회귀식의 제곱합(SS_{reg})과 잔차의 제곱합(SS_{res})을 각각의 자유도로 나누어 회귀식과 잔차의 평균제곱을 산출해 준다. 단순회귀분석에서 설명변수의 수는 하나이므로 회귀식의 자유도, df_{reg}는 1이 되고 잔차의 자유도, df_{res}는 $n-2$, $(n-1)-1$이 된다. 회귀식의 평균제곱(MS_{reg})과 잔차의 평균제곱(MS_{res})은 다음과 같다.

회귀식의 평균제곱(mean square of regression):

$$MS_{reg}=SS_{reg}/df_{reg}=\sum(y'-\overline{y})^2/1$$

잔차의 평균제곱(mean square of residual):

$$MS_{res} = SS_{res} / df_{res} = \sum (y - y')^2 / n - 2$$

회귀모형의 적합성은 회귀식의 평균제곱에 대한 잔차의 평균제곱의 비율로 산출되는 F값의 유의성 검증을 통하여 검토한다.

$$F\text{값} : F = \frac{\text{회귀식의 평균제곱}}{\text{잔차의 평균제곱}} = \frac{MS_{reg}}{MS_{res}} = \frac{SS_{reg} / 1}{SS_{res} / n - 2}$$

단순회귀분석의 변량분석표를 정리하면, 〈표 3-1〉과 같다.

〈표 3-1〉 단순회귀분석의 변량분석표

변량원	제곱합	자유도	평균제곱	F
회귀	$SS_{reg} = \sum (y' - \bar{y})^2$	1	$MS_{reg} = SS_{reg}/1$	$\frac{MS_{reg}}{MS_{res}} = \frac{SS_{reg} / 1}{SS_{res} / n - 2}$
잔차	$SS_{res} = \sum (y - y')^2$	$n-2$	$MS_{res} = SS_{res}/n-2$	
전체	SS	$n-1$		

4) 회귀분석모형의 설명력

단순회귀분석에서 설명변수와 결과변수 사이의 상관은 중다상관계수(R: multiple correlation coefficient)로 나타낸다. 단순회귀분석에서 R은 단순상관계수 r_{xy}와 동일하다. 중다상관계수의 제곱값 R^2은 결과변수의 전체 변량이 회귀식(설명변수)에 의해 설명되는 정도로, 회귀식(설명변수)의 설명력을 나타낸다. 흔히 R^2을 결정계수(coefficient of determination)라고도 한다. 전체 변량 중 회귀식에 의해 설명되지 않고 남은 변량, 즉 $1-R^2$은 잔차(residuals) 또는 예측오차(error of prediction)이다. R^2와 $1-R^2$을 변량의 개념으로 나타내면 다음과 같다.

$$R^2 = \frac{\text{회귀제곱합}}{\text{총제곱합}} = \frac{SS_{reg}}{SS_{total}}$$

$$1 - R^2 = \frac{\text{잔차제곱합}}{\text{총제곱합}} = \frac{SS_{residual}}{SS_{total}}$$

단순회귀분석에서 R^2은 설명변수와 결과변수 간의 상관관계계수(r_{xy})를 제곱한 값이다. 예를 들어, $R^2 = .36$이라면, 두 변수 간 상관은 $.6(r_{xy} = .6)$이 되고, 결과변수(y)의 총변량 중 36%가 설명변수(x)에 의해 설명됨을 의미한다. R^2은 0에서 1 사이의 값을 갖게 되며, R^2이 1에 가까워질수록 설명변수의 예측력이 커지고 회귀모형의 적합도가 우수한 것으로 평가된다. R^2이 0에 가까워질수록 설명변수의 예측력이 떨어지고 회귀모형의 적합도가 부적절한 것으로 평가되어 회귀모형에 적합한 새로운 설명변수가 필요함을 의미한다.

5) 회귀계수와 독립변수의 유의성

회귀분석에서 개별 설명변수의 설명력은 회귀계수를 통해 살펴볼 수 있다. 그러나 단순회귀분석의 경우 하나의 설명변수가 존재하기 때문에, 단순회귀모형의 설명력은 해당 설명변수의 설명력을 의미한다. 회귀분석에서는 **비표준화회귀계수**(unstandardized regression coefficient: b)와 **표준화회귀계수**(standardized regression coefficient: β)가 제공된다. 비표준화회귀계수는 설명변수와 결과변수 간의 선형적 관계를 원점수로 표현한다. 반면, 표준화회귀계수는 두 변수 간의 선형적 관계가 원점수가 아닌 z점수로 산출되기 때문에 표준화회귀계수 간의 비교가 가능하다.

비표준화회귀계수(b_1)는 회귀식의 기울기를 나타내며 회귀식을 산출하는 데 사용된다. 앞서 그래프에 제시한 회귀방정식, $y' = b_0 + b_1x_1$에서 b_1은 회귀선의 기울기를 나타내며, 이는 x(지능)의 변화량에 따른 y(학업성취도)의 변화량을 의미한다. 즉, x의 변화량 정도를 나타내는 x의 표준편차(s_x)와 y의 변화 정도를 나타내는 y의 표준편차(s_y)의 비율로 기울기(s_y/s_x)를 산출한다. 이때, 두 변수는 관계가 완벽하지 않기 때문에 회귀선의 기울기는 두 변수의 상관관계를 고려하여 산출한다.

표준화회귀계수(β_1)는 비표준화된 회귀계수(b_1)를 설명변수의 단위로 표준화하여 산출한다. 비표준화계수(b_1)와 표준화계수(β_1)의 산출공식은 다음과 같다.

$$b_1 = r_{xy}\frac{S_y}{S_x},\ \beta_1 = b_1\frac{S_x}{S_y}$$

회귀계수는 t값을 산출하여 설명변수의 설명력에 대한 유의성을 검토한다. 회귀계수의 t값은 비표준화계수를 표준오차로 나눈 값이다.

$$t = b_1 / SE_{b_1}$$

〈비표준화계수, 표준화계수 및 상관계수〉

비표준화계수와 상관관계계수 간의 상관을 살펴보면,

$r_{xy} = \frac{s_{xy}}{s_x s_y}$ 이므로, $b_1 = r_{xy}\frac{s_y}{s_x} = \frac{s_{xy}}{s_x s_y} \times \frac{s_y}{s_x} = \frac{s_{xy}}{s_x^2}$ 이 된다.

즉, $r_{xy}=1$이면(완벽한 상관을 이루어 점들이 직선을 이루는 경우), 기울기는 s_y/s_x가 되고 $r_{xy}=0$이면(두 변수가 상관이 없는 경우) 기울기는 0이 된다.

표준화 계수와 상관관계계수 간의 상관을 살펴보면,

$b_1 = \frac{s_{xy}}{s_x^2}$ 이므로, $\beta_1 = b_1\frac{s_x}{s_y} = \frac{s_{xy}}{s_x^2} \times \frac{s_x}{s_y} = \frac{s_{xy}}{s_x s_y}$ 이 된다.

즉, 결과적으로 표준화된 회귀계수 β는 설명변수와 결과변수 간의 상관관계를 나타내는 상관계수 r_{xy}와 동일하다.

6) 단순회귀분석의 일반적 절차

① 산포도로 설명변수와 결과변수가 선형적 관계를 나타내는지 검토하고, 상관

관계 분석을 통하여 두 변수 간의 상관관계 정도를 살펴본다.

② 회귀분석의 기본 가정을 검토한다.

③ R^2값으로 모형의 설명력을 살펴보고 분산분석표의 F값과 유의확률을 근거로 회귀분석 모형의 적절성을 검토한다.

④ 설명변수의 비표준화회귀계수(b_1)를 통해 회귀식을 산출하고 표준화회귀계수(β_1)로 설명변수의 설명력과 유의성을 검토한다. 단순회귀분석에서 표준화회귀계수의 유의확률과 전체 모형설명력의 유의확률은 동일하다($F=t^2$). 회귀모형의 설명력을 나타내는 R^2은 표준화된 회귀계수 β값을 제곱한 값이다.

3. 중다회귀분석

1) 중다회귀방정식

중다회귀분석에서 여러 개의 설명변수, X_1, X_2, $\cdots$ X_k에 기초하여 결과변수를 추정하는 중다회귀방정식은 다음과 같다.

$$y'=b_0+b_1x_1+b_2x_2+\cdots+b_ix_i$$

중다회귀방정식의 계수 b_0, b_1, b_2, $\cdots$, b_k는 이론적 모형에서 해당 계수의 최소제곱추정(least square estimation)에 의해 산출된 회귀계수이다. 즉, 회귀계수 b_0, b_1, b_2, $\cdots$, b_k는 관측된 y값과 예측된 y'값 간의 차이의 제곱합한 $\sum(y-y')^2$을 최소화하는 값이다.

2) 회귀분석모형의 통계적 검증

중다회귀분석모형의 F값은 앞서 설명한 단순회귀분석의 변량분석과 유사하다. 다만 중다회귀분석에서 설명변수의 수가 하나가 아니라 둘 이상이기 때문에 이러한 설명변수의 수를 고려하여 F값을 산출한다. 중다회귀모형에 설명변수가 k개 있다고 하면, 회귀식의 자유도(df_{reg})는 설명변수의 수, k가 되고 잔차의 자유도(df_{res})는 $n-k-1$이 된다. 단순회귀모형에서는 설명변수의 수가 하나이므로 $k=1$로 $df_{reg}=1$이고 $df_{res}=n-2$이다. 설명변수가 3개인 중다회귀모형에서는 $k=3$으로 $df_{reg}=3$이고 $df_{res}=n-4$이다. 회귀식의 평균제곱(MS_{reg})과 잔차의 평균제곱(MS_{res})은 다음과 같다.

회귀식의 평균제곱(mean square of regression):

$$MS_{reg} = \frac{SS_{reg}}{df_{reg}} = \frac{SS_{reg}}{k}$$

잔차의 평균제곱(mean square of residual):

$$MS_{res} = \frac{SS_{res}}{df_{res}} = \frac{SS_{res}}{n-k-1}$$

중다회귀모형의 적합성은 회귀식의 평균제곱에 대한 잔차의 평균제곱의 비율로 산출되는 F값의 유의성 검증을 통하여 검토한다.

$$F\text{값}:\ F = \frac{\text{회귀식의 평균제곱}}{\text{잔차의 평균제곱}} = \frac{MS_{reg}}{MS_{res}} = \frac{SS_{reg}/k}{SS_{res}/n-k-1}$$

중다회귀분석의 변량분석표를 정리하면, 〈표 3-2〉와 같다.

〈표 3-2〉 중다회귀분석의 변량분석표

변량원	제곱합	df	평균제곱	F
회귀	$SS_{reg}=\sum(y'-\bar{y})^2$	k	$MS_{reg}=SS_{reg}/k$	$\frac{MS_{reg}}{MS_{res}}=\frac{SS_{reg}/k}{SS_{res}/n-k-1}$
잔차	$SS_{res}=\sum(y-y')^2$	$n-k-1$	$MS_{res}=SS_{res}/n-k-1$	
전체	$SS_{total}=\sum(y-\bar{y})^2$	$n-1$		

3) 중다회귀모형의 설명력

중다회귀분석에서 R^2은 회귀모형에 포함된 설명변수 x_1, x_2, $\cdots$, x_1와 결과변수 간의 중다상관계수($R_{y \cdot x_1, x_2, \cdots, x_3}$)를 제곱한 값으로, 결과변수의 전체변량 중 설명변수들에 의해 설명되는 정도를 나타낸다. 예를 들어, 설명변수가 두 개인 경우, $R^2_{y \cdot x_1 x_2}=.36$이라면, 결과변수($y$)의 총변량 중 36%가 설명변수 x_1과 x_2에 의해 설명됨을 의미한다. 이때 $R^2_{y \cdot x_1 x_2}$는 $r^2_{yx_1}$과 $r^2_{yx_2}$를 단순히 합한 값과 같지 않다(즉, $R^2_{y \cdot x_1 x_2} \neq r^2_{yx_1}+r^2_{yx_2}$). 중다회귀모형에서는 여러 개의 설명변수가 투입되며, 이때 투입된 설명변수의 수가 많으면 모형의 설명력은 증가한다.

예를 들어, 2개의 설명변수로 구성된 회귀모형의 설명력이 32%인데, 5개의 설명변수로 구성된 회귀모형의 설명력은 33%인 경우에, 두 모형의 설명력과 더불어 모형의 간명성(parsimony)을 고려하여야 한다. 5개의 설명변수로 구성된 회귀모형이 2개의 설명변수로 구성된 회귀모형보다 설명력이 미미하게 증가하였다. 모형의 간명성의 관점에서 볼 때, 5개의 설명변수보다 2개의 설명변수로 구성된 모형이 더 효율적인 모형이다.

〈모형비교와 R^2 변화량〉

R^2은 결과변수에 대한 여러 개의 설명변수의 복합적인 설명력을 나타내기 때문에 각 설명변수에 의해 설명되는 변량의 크기를 알고자 한다면, 주어진 모형에서 해당 설명변수를 제외하여 R^2이 얼마나 감소하는지를 검토한다. 예를 들면, R^2이 .43인데 하나의 설명변수를 제거한 후 R^2이 .37로 감소하면, **R^2의 변화량**은 .43−.37=.06이 된다. 따라서 제거된 설명변수의 설명량은 .06, 즉 6%이다. 이와 같이 설명력의 변화량과 변화량의 유의수준을 검토하여 모형에 제외된 설명변수의 설명력을 검토한다. 모형비교에 사용되는 R^2변화량(ΔR^2)값과 F값은 다음과 같은 공식으로 산출된다.

$$\Delta R^2 = R^2_{y \cdot x_1 x_2 \cdots x_k} - R^2_{y \cdot x_1 x_2 \cdots x_{k-1}} \text{ 일 때, } F = \frac{\Delta R^2}{(1 - R^2_{y \cdot x_1 x_2 \cdots x_k}) / (n-k-1)}$$

중다회귀분석에 포함된 설명변수의 수가 많을수록 R^2이 증가하기 때문에 결정계수 R^2을 보정해 줄 필요가 있다. 설명변수의 수에 따라 증가하는 R^2을 보정한 R^2_{adj}을 사용하는 것이 좋다. R^2_{adj}을 산출하는 공식은 다음과 같다.

$$R^2_{adj} = R^2 - \frac{k(1-R^2)}{n-k-1}$$

R^2_{adj}은 표본의 크기와 설명변수의 수를 감안하여 과대 추정된 R^2을 보정한 값이다. 표본의 크기가 크면 R^2과 R^2_{adj}이 거의 변화가 없지만, 표본의 크기가 작으면 R^2_{adj}은 R^2보다 작아질 수 있다. 그러나 표본의 수가 충분하면 R^2추정값을 보정할 필요가 없다.

4) 회귀계수와 유의성 검증

중다회귀분석의 경우 둘 이상의 설명변수가 존재하며, 모형에 포함된 설명변수 중 어떤 변수가 가장 큰 설명력을 갖는지에 관심을 가질 수 있다. 중다회귀분석의 궁극적 목적은 가장 적절하고 효과적인 설명변수로 구성된 모형을 만드는 것이다. 모형에 포함된 b_i값과 β_i값을 검토하여 각 설명변수의 상대적 설명력과 설명력의 유의수준을 판단할 수 있다.

비표준화회귀계수, b_i는 각 설명변수의 측정단위에 민감하게 반응하므로 여러 개의 설명변수의 설명력을 비교하는 다중회귀분석에서는 적절하지 않다. 비표준화회귀계수는 회귀식을 산출하는 데 사용된다. 반면, 표준화회귀계수, β_i는 각 설명변수의 측정단위를 감안하여 산출되므로 개별 설명변수의 상대적 설명력을 비교하는 데 유용하다. 각 회귀계수는 $t-test$를 통하여 유의수준을 검토한다. 중다회귀분석에 제공되는 비표준화회귀계수(b_i), 표준화회귀계수(β_i), 회귀계수의 유의성 검증을 위한 t값의 산출 공식은 다음과 같다.

$$b_i = \frac{s_{x_i y'}}{s_{x_i}^2},\ \beta_i = b_i \frac{s_{x_i}}{s_y},\ t = b_i / SE_{b_i}$$

중다회귀모형에서는 둘 이상의 설명변수가 동시에 결과변수의 변량을 설명한다. 따라서 중다회귀분석의 표준화회귀계수 β_i는 설명변수와 결과변수 간의 단순상관관계를 나타내는 상관계수 $r_{x_i y}$와 일치하지 않는다. 모든 유의한 설명력을 갖는 설명변수를 전부 포함한 모형이 최선처럼 여겨지나 이는 바람직하지 못하다. 왜냐하면 모든 독립변수는 서로 상관관계가 있으므로 이로 인해 다중공선성(collinearity)의 문제가 발생할 수 있다. 상관관계가 높은 설명변수는 서로 유사한 정보를 담고 있으므로 다소 중복적이다. 따라서 회귀분석에 앞서 다중공선성의 문제가 없는지 확인하여야 한다.

5) 중다회귀분석 일반적 절차

중다회귀분석을 실시하는 일반적 절차는 다음과 같다.

① 산포도로 설명변수와 결과변수가 선형적 관계를 나타내는지 검토하고, 상관관계 분석을 통하여 두 변수 간의 상관관계 정도를 살펴본다.

② 회귀분석의 기본 가정을 검토한다.

③ R^2값으로 모형의 설명력을 살펴보고 분산분석표의 F값과 유의확률을 근거로 회귀분석 모형의 적절성을 검토한다. 여러 모형을 비교할 경우, 모형 간 R^2 변화량과 통계적 유의성을 검토하여 적절한 모형을 선정한다.

④ 설명변수의 비표준화회귀계수(b_i)를 통해 회귀식을 산출하고 표준화된 회귀계수(β_i)로 개별 설명변수의 상대적 설명력을 비교하고 각 회귀계수의 통계적 유의성을 검토한다.

6) 중다회귀분석의 접근방식

중다회귀분석은 설명변수의 투입방식에 따라 동시적 회귀분석, 단계적 회귀분석, 위계적 회귀분석이 가능하다(Wampold & Freund, 1987).

(1) 동시적 회귀분석 방식

동시적 회귀분석(simultaneous regression approach)은 여러 개의 설명변수를 동시에 회귀식에 투여하는 방식으로 가장 보편적이며, 설명변수의 상대적 설명력을 비교할 때 많이 사용된다. 동시적 회귀분석은 여러 가지 회귀분석 방식 중 가장 단순한 형태로 결과변수에 대한 설명변수들의 상대적 설명력을 분석하기 위한 좋은 접근방식이다. 그러나 설명변수의 수가 많아지거나 설명변수 간의 상관이 높을 경우, 다중공선성을 고려하지 않으면 개별 설명변수의 상대적 설명력이 위축되어 유의한 결과를 도출하기 힘들 수 있다. 결과변수에 핵심적인 역할을 수행하는 설명변수를 중심으로 설명변수의 수를 조정하거나 중복적인 성격을 지닌 설명변수를 제거한 후 분석하는 것이 좋다.

(2) 단계적 회귀분석 방식

단계적 회귀분석(stepwise regression approach)은 통계프로그램에 의해 설정된 통계적 기준에 의해 설명력이 큰 설명변수를 우선적으로 회귀모형에 포함시키거나 설명력이 약한 설명변수를 제거하는 방식으로 수행된다. 여러 개의 설명변수로부터 주요 변수를 추출하는 데 적절한 방식이지만 이론적 근거를 제시하기 어렵다는 단점이 있다. 단계적 회귀분석 방식을 사용하여 분석할 때, 표집된 자료에 따라 다른 결과를 도출할 우려가 있으므로 해석에 주의한다.

단계적 회귀분석 방법에는 전진적(forward) 방식, 후진적(backward) 방식, 단계적(stepwise) 방식 등이 있다. 전진적 방식은 결과변수를 가장 잘 설명하는 설명변수를 선정하여 설명변수 하나씩를 추가하여 모형이 통계적으로 유의하게 향상되지 않을 때까지 모형을 산출하는 방식이다. 반면, 후진적 방식은 모든 설명변수를 모두 모형에 포함한 후, 각 설명변수의 유의수준으로 가장 설명력이 없는 설명변수를 제거해 나가는 방식으로 모형을 산출한다. 단계적 회귀분석 방식은 설명변수를 전진적 방식처럼 하나씩 추가하는 면에서는 전진적 방법과 같으나 단계마다 후진적 방식처럼 제거할 설명변수가 있는지를 동시에 검토하는 과정을 거친다.

단계적 회귀분석에 기초하여 설명변수를 선택할 때는 다음 사항을 고려한다.

① 전체 모형의 분석 맥락에 적절한 변수만 설명변수로 사용한다.
② 주요 변수는 분석결과와 무관하게 모형에 포함하여야 한다. 통계적 결과에만 의존하지 말고 이론적 근거에 기초하여 중요하다고 생각되는 설명변수를 선정한다.
③ 설명변수의 선정결과에 주의한다. 분석방법에 따라 최종 모형이 다르게 나타날 수도 있다. 따라서 각 결과를 비교하여 이론적으로 설명 가능한 결과를 찾아 주는 것이 필요하다.

전진적 방법과 단계적 방법은 대부분 유사한 결과를 제공해 준다. 그러나 이 경우 R^2이 지나치게 편향적으로 높아지거나 얻어진 p이 적절한 의미가 없을 수 있으므로 주의한다. 반면, 후진적 방식은 이러한 문제가 다소 적은 것으로 알려져 있다. 따라서 통계프로그램에 의해 자동적으로 얻어지는 분석결과에만 의존하지 않도록 한다. 단계적 분석방식은 여러 개의 설명변수로부터 설명력(예측력) 있는 핵심변수를 추출하기 위한 접근방식으로 가장 많이 사용되고 있으나 그 결과가 통계적 유의미성에 기초하여 산출된다는 단점이 있다.

(3) 위계적 회귀분석 방식

위계적 회귀분석(hierarchical regression approach)은 단계적 회귀분석모형과 달리 연구자가 이론적 근거나 선행연구에 의해 모형에 투입될 설명변수의 순서를 결정하여 회귀분석을 실시하는 방식이다. 위계적 회귀분석 방식은 결과에 대한 이론적 설명이 용이하며 다른 접근방식과 비교할 때 의미 있는 설명변수를 선정할 수 있어 유용하다. 위계적 회귀분석은 이론적 또는 논리적 근거에 의해 순서를 선정하여 단계적 회귀분석 방식의 문제점을 보완해 준다. 그러나 이론적 근거나 논리적 근거가 충분하지 않으면 위계적 회귀분석 방식을 적용하고 해석하는 데 어려움이 따르므로 유의하여야 한다.

7) 기타 주의사항

(1) 설명변수의 선정과 표본의 수

회귀분석 모형을 설계할 때, 너무 많은 설명변수를 포함하지 않도록 한다. 충분한 선행연구의 분석 및 이론에 근거하여 연구하고자 하는 설명변수를 신중하게 선정하도록 한다. 또한 설명변수의 수는 표본의 크기에 영향을 미친다. 하나의 변수당 최소 10명 이상의 표본이 필요하므로 설명변수가 많아지면 표본수를 충분히 확보하도록 한다.

(2) 모형비교(R^2 비교하기)

경쟁하는 모형의 R^2을 비교하여 다른 모형보다 더 큰 R^2을 가진 모형이 있는지를 살펴본다. 일반적으로 설명변수가 추가될 때마다 R^2이 증가할 것이다. 그러나 단순히 R^2의 증가에만 초점을 두지 말고 다른 후보모형과 R^2을 비교하여 의미 있는 변화가 있는지 확인한다.

(3) 잔차분포의 분석

중다회귀분석에서 잔차는 실제 y값과 이에 해당하는 예측된 y'값 간의 차이값으로 산출된다. 이러한 잔차분포는 어떤 실제적인 유형도 존재하지 않는 무선적 형태([그림 3-3]의 ⓐ)를 나타내야 한다. 일반적으로 표준화된 잔차를 분석하여 그 값이 2나 3을 넘으면 극단값이나 다른 문제가 있는 자료라고 본다. 잔차항의 분포가 자동상관(ⓑ)이나 비선형적 관계(ⓒ, ⓓ)가 있거나 등분산성의 가정을 위배하는지(ⓔ, ⓕ) 검토한다.

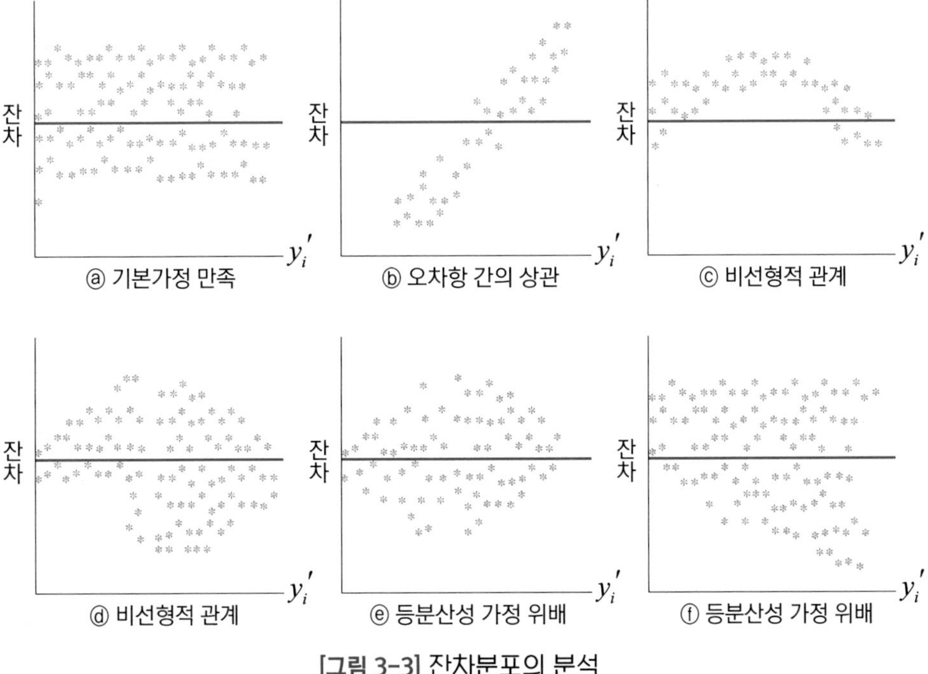

[그림 3-3] 잔차분포의 분석

(4) 다중공선성의 문제

중다회귀분석에서 설명변수 간에는 어느 정도 상관관계가 존재한다. 그러나 문제는 설명변수 간 상관관계가 지나치게 높은 경우이다. 설명변수 간 상관이 높다면 다중공선성(multicollinearity)을 의심해 볼 수 있다. 다중공선성의 문제가 있으면 전체 모형에서 개별 설명변수의 설명력이 낮아지므로 회귀분석 결과의 의미가 왜곡될 수 있다. 따라서 불필요한 설명변수를 제거한 후, 회귀분석을 실시한다. 중다회귀분석모형을 위한 설명변수는 서로 상관관계가 높지 않은 변수들로 구성한다.

다중공선성이 존재할 경우, 결정계수(R^2)에 영향을 미쳐 전체 모형의 적합성과 예측력이 낮아지며, 각 설명변수들의 설명력을 파악하기 힘들어진다. 따라서 **공차한계**(tolerance: *T*)나 **분산팽창계수**(variance inflation factor: *VIF*)를 사용하여 다중공선성을 평가해 준다.

공차한계는 특정 변수의 오차의 크기를 나타낸다. 즉, 공차한계는 다른 설명변수에 의해 설명되지 않는 특정 설명변수의 변량을 의미한다. 공차한계(T)와 분산팽창계수(VIF)를 산출하는 공식은 다음과 같다.

$$T = 1 - R^2_{x_1 x_i} = \frac{1}{VIF},\ VIF = \frac{1}{1 - R^2_{x_1 x_i}} = \frac{1}{T}$$

공차한계가 ±1.0에 접근하면 중다공선성이 없는 것으로 판단한다. 반면, 분산팽창계수는 공차한계와 역수관계로, *VIF*는 작을수록 다중공선성의 문제가 없는 것으로 판단된다. 일반적으로 공차한계는 0.1 이하이거나 *VIF*가 10보다 크면 다중공선성이 의심된다. 다중공선성이 의심되면 독립변수 간의 상관관계가 높은 변수는 다른 변수와 중복되는 불필요한 변수일 가능성이 있으므로 모형을 재검토한 후 불필요한 설명변수를 제거하여 분석하는 것이 좋다.

4. 경로분석

1) 경로분석의 개요

경로분석은 세 개 이상의 변수 간의 인과모형을 설정하고 변수의 공분산이나 상관관계 행렬에 기초하여 모형을 분석하는 통계적 방법이다. 경로분석은 선행연구와 이론에 기초하여 도출된 인과모형에서 출발하며, 인과모형에 포함된 변수 간의 인과관계의 크기를 추정하는 방법이다. 회귀분석과 마찬가지로, 경로분석에 포함된 변수 간의 경로(인과관계)는 선행이론에서 기초하여 설정되어야 하며, 경로분석을 통해 인과적 관계를 찾아가는 것이 아님을 명심해야 한다.

경로분석은 중다회귀분석 기법 중 위계적 회귀분석이 발전된 것이다. 그러나 중다회귀분석에서는 설명변수와 결과변수 간의 직접적인 관계에 관심을 두었다면, 경로분석에서는 직접 관계와 더불어 제3의 변수를 포함한 간접경로에 관심을 둔다. 여기서 두 변수의 사이에서 간접효과를 분석할 때 포함된 제3의 변수를 매개변수(mediator)라고 한다.

2) 연구문제와 연구모형

(1) 연구문제

1. 사회경제적 요인(모의 교육수준, 취업유무)과 유아의 공격성의 관계에 있어 양육 스타일의 매개효과는 어떠한가?
2. 유아의 정서능력 발달에 있어 유아의 기질, 인지능력의 설명력은 어떠하며, 부모의 양육행동과 정서표현을 매개로 한 간접효과는 어떠한가?

(2) 연구모형

경로분석의 경우 연구문제나 가설 대신 다음과 같은 가설적 연구모형을 제시한다.

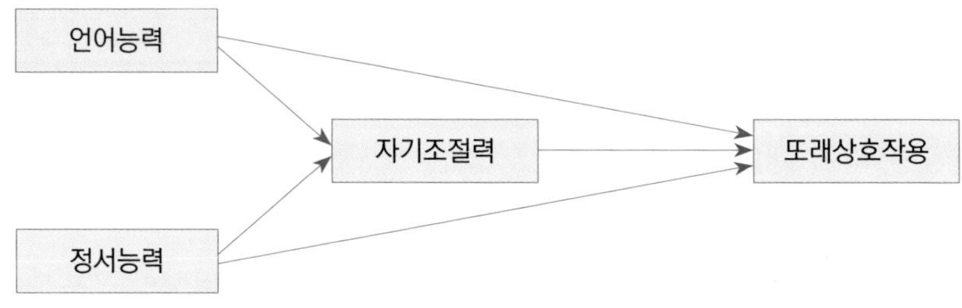

[그림 3-4] 경로분석의 가설적 연구모형 사례

3) 기본 가정

경로분석을 위한 기본 가정은 다음과 같다(Pedhazur, 1982).

① 독립변수와 결과변수는 선형적이고 합산적인 관계를 가진다. 경로모형은 일반선형모형에 기초한다.

② 경로모형 내의 변수 간의 관계는 일방적이다. 동시적이고 상호적 인과성은 다루지 않는다. 즉, x_1이 x_2에 영향을 미친다면, x_2는 x_1에 직접적인 영향도, 다른 매개변수를 통한 간접적인 영향도 미칠 수 없다고 가정한다.

③ 모든 변수는 완벽하게 측정된 것으로, 측정오차는 없다고 가정한다.

④ 모형에서 설명되지 못한 부분인 오차는 독립변수와는 상관이 없으며, 오차 간의 상관도 없다고 가정한다.

⑤ 회귀분석에서 요구되는 모든 가정을 충족시켜야 한다.

⑥ 경로모형 내의 모든 변수는 적어도 동간척도 수준에서 측정되어야 한다.

4) 기본개념

(1) 경로분석의 모형

측정변수 x_1, x_2, x_3, x_4 간의 관계를 경로모형으로 구성하면 다음과 같다.

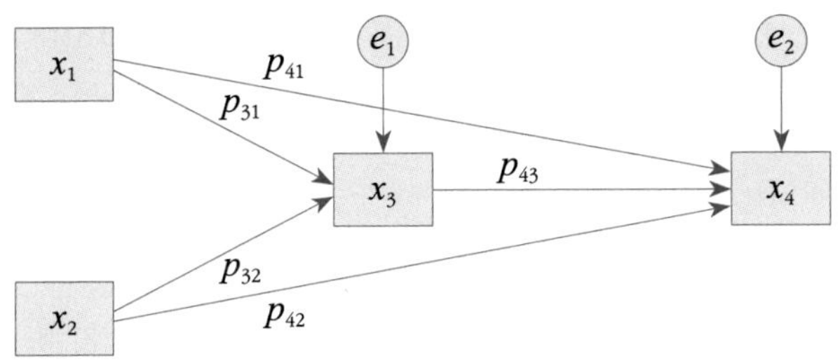

[그림 3-5] 경로분석 모형과 경로계수

그림과 같이 x_3은 x_1과 x_2에 의해 설명되고, x_3의 전체변량에서 x_1과 x_2가 설명하지 못하고 남는 잔차변수를 e_1라고 표시한다. 또한 x_4는 x_1, x_2, x_3에 의해 설명되고, x_4의 전체변량에서 남는 잔차변수를 e_2라고 표시한다. x_1, x_2, x_3, x_4와 달리 e_1과 e_2는 측정변수가 아니다. 따라서 x_1, x_2, x_3와 같은 측정변수는 사각형으로 표시하고 e와 같이 측정변수가 아닌 잔차변수는 작은 원으로 표시한다. 각 사각형으로 표시된 측정변수 간의 인과관계는 직선의 화살표로 표시한다. [그림 3-5]의 경로모형을 회귀식으로 나타내면 다음과 같다.

$$x_3 = p_{31}x_1 + p_{32}x_2 + e_1$$
$$x_4 = p_{41}x_1 + p_{42}x_2 + p_{43}x_3 + e_2$$

(2) 외생변수와 내생변수

경로모형에서는 독립변수(설명변수)와 종속변수(결과변수)라는 용어 대신에 외생변수와 내생변수라는 용어를 사용한다. **외생변수**(exogenous variables)는 모형에서 오직 설명변수(독립변수)로만 작용하는 변수이고 **내생변수**(endogenous variables)는 하나 이상의 인과관계에서 결과변수가 되는 변수를 말한다. 앞의 그림에서 x_1과 x_2는 독립변수로만 작용하기 때문에 외생변수이다. 즉, x_3는 x_4의 설명변수이면서 동시에 x_1과 x_2의 결과변수이기 때문에 내생변수이다. x_4는 x_1, x_2, x_3의 결과변수이기 때문에 내생변수이다. 앞서 제시된 경로모형의 회귀방정식을 살펴보면, 회귀방정식은 각 내생변수를 결과변수로 한 회귀함수이다.

(3) 직접효과와 간접효과

경로모형 내에서 매개변수를 거치지 않고 한 변수가 다른 변수에 미치는 효과를 직접효과(direct effect)라고 하고, 하나 이상의 매개변수를 거쳐 다른 변수에 미치는 효과를 간접효과(indirect effect)라고 한다. 경로모형에서 $x_1 \rightarrow x_3$, $x_2 \rightarrow x_3$, $x_1 \rightarrow x_4$, $x_2 \rightarrow x_4$, $x_3 \rightarrow x_4$는 직접효과를 나타내지만 x_1과 x_4의 관계에서 x_3를 매개로 $x_1 \rightarrow x_3 \rightarrow x_4$의 간접경로를 거쳐 발생하는 효과를 간접효과라고 한다. 마찬가지로 x_2와 x_4의 관계에서 x_3를 매개로 한 $x_2 \rightarrow x_3 \rightarrow x_4$의 경로를 거쳐 발생하는 효과도 간접효과이다. 예를 들면, 두 변수 x_1과 x_4 간의 관계는 다음과 같다.

$$r_{41} = p_{41} + p_{31}p_{43}$$

두 변수 x_1과 x_4 간의 관계는 두 부분으로 나뉜다. 즉, (1) x_4에 대한 x_1의 직접효과를 나타내는 p_{41}, (2) x_1이 x_3를 거쳐 x_4에 미치는 간접효과를 나타내는 $p_{31}p_{43}$로 나뉜다. 이와 같이 직접효과와 간접효과에 대한 분석을 기초로 매개변수(mediator)에 대한 분석이 가능하다.

〈표 3-3〉 경로모형의 효과계수

		x_1	x_2	x_3
x_3	직접효과	p_{31}	p_{32}	–
	간접효과	–	–	–
	전체 효과	p_{31}	p_{32}	–
x_4	직접효과	p_{41}	p_{42}	p_{43}
	간접효과	$p_{31} \times p_{43}$	$p_{32} \times p_{43}$	–
	전체 효과	$p_{41} + (p_{31} \times p_{43})$	$p_{42} + (p_{32} \times p_{43})$	p_{43}

그림으로 제시된 회귀모형에서 p_{31}과 p_{32}는 각각 x_3에 대한 x_1과 x_2의 직접효과의 크기를 나타내고, p_{41}, p_{42}, p_{43}는 각각 x_4에 대한 x_1, x_2, x_3의 직접효과의 크기를 나타낸다. 반면, 간접효과는 x_1이 x_3를 거쳐 x_4에 미치는 간접효과, $p_{31}p_{43}$와 x_2가 x_3를 거쳐 x_4에 미치는 간접효과, $p_{32}p_{43}$가 있다.

5) 매개효과의 이해

(1) 매개효과의 개념

매개변수는 두 변수 사이에서 독립변수의 결과인 동시에 종속변수의 원인이 되는 제3의 변수이다. 제3의 변수인 매개변수는 독립변수와 종속변수 간의 관계에 개입하는 변수로, 매개변수의 개념을 이해하기 앞서 가장효과, 억제효과, 왜곡효과, 혼란효과 등에 관해 알 필요가 있다.

가장효과(spurious effect)는 두 변수 간의 상관이 전혀 없는데도 상관관계가 있는 것처럼 가장되어 두 변수 간 상관이 나타나는 효과를 말한다. 가장효과는 두 변수 사이의 상관이 우연에 의한 것으로, 두 변수가 상관관계가 있으나 제3의 변수를 고려하면 두 변수 간의 상관관계가 낮아지거나 없어진다. 처음 두 변수 간의 관계는 두 변수 간의 관계가 가장된 관계(spurious relationship)로, 이러한 관계는 제3의 변수인 매개변수에 의해 설명된다.

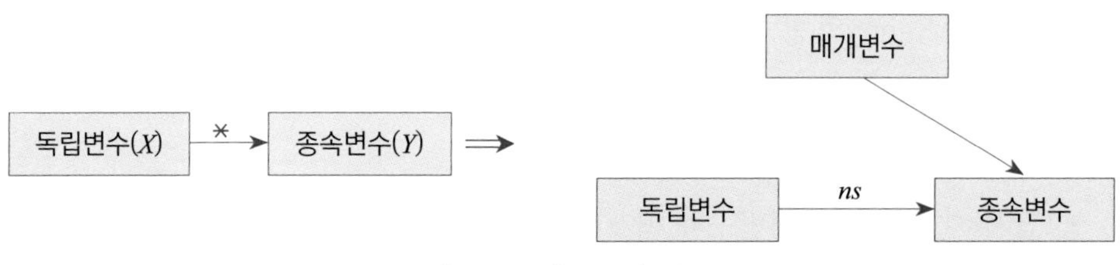

[그림 3-6] 가장효과

억제효과(suppressor effect)는 두 변수 간 관계가 유의하지 않았으나 제3의 변수인 매개변수를 포함할 경우 설명변수의 설명력이 상승하여 제3의 변수(억제변수)를 통제하면 그 효과가 사라지는 현상을 의미한다. 억제효과가 존재할 경우, 실제 두 변수 사이에 관계가 있지만 그 관계가 억제되어 있어 약화되거나 나타나지 않는다. 이때 제3의 변수(억제변수)를 고려하면 두 변수 사이에 있는 관계가 드러나게 된다.

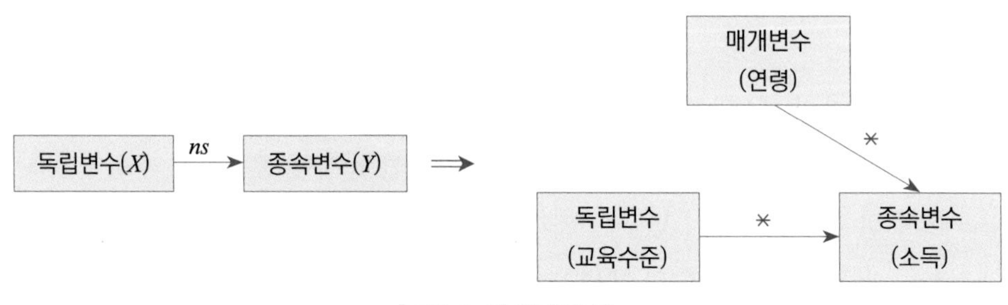

[그림 3-7] 억제효과

그 밖에도 제3의 변수로 인해 두 변수 간의 실제 관계를 정반대의 관계로 보이게 하는 **왜곡효과**(distorter effect)와 두 변수 간 일부 상관관계가 있는 상태에서 두 변수 모두에 영향을 미쳐 그 효과를 더 크게 보이도록 하는 **혼란효과**(confounding effect) 등이 있다.

(2) 매개효과 분석방법

① Baron과 Kenny의 방법

Baron과 Kenny의 **방법**은 세 단계의 회귀분석을 실시하여 매개효과를 분석한다.

- 1단계 회귀분석: 독립변수와 매개변수의 단순회귀분석을 실시하여 통계적 유의성을 확인한다.
- 2단계 회귀분석: 독립변수와 종속변수의 단순회귀분석을 실시하여 통계적 유의성을 확인한다.

- 3단계 회귀분석: 종속변수에 대한 독립변수와 매개변수의 유의성을 확인하여 독립변수에서 매개변수를 통해 종속변수에 이르는 매개변수의 효과가 유의한지 평가한다. 이때 독립변수에서 종속변수에 이르는 직접 경로가 통계적으로 유의하면 부분 매개이고, 독립변수에서 종속변수에 이르는 경로가 유의하지 않으면 완전 매개이다.

② Sobel 검증

Sobel의 검증은 Baron과 Kenny의 방법보다 엄격한 방식으로 2단계의 회귀분석을 실시하여 간접효과를 포함한 매개효과를 검토하는 방식이다.

- 1단계 회귀분석: 독립변수와 매개변수의 단순회귀분석을 실시하여 경로의 유의성을 확인하고 비표준화계수(b_1)와 표준오차(SE_1)를 산출한다.
- 2단계 회귀분석: 독립변수와 종속변수의 단순회귀분석을 실시하여 경로의 유의성을 확인하고 비표준화계수(b_2)와 표준오차(SE_2)를 산출한다.
- 1, 2단계에서 산출된 비표준화계수와 표준오차를 사용하여 Z_{ab}를 산출한다.

$$Z_{ab} = \frac{b_1 \times b_2}{\sqrt{b_2^2 \times SE_1^2 + b_1^2 \times SE_2^2}}$$

- Z_{ab}가 $\pm 1.96(\alpha = .05$ 수준일 때)보다 크면 통계적으로 유의한 매개효과가 있는 것으로 평가한다.

③ 부트스트랩 절차

정규분포를 가정하지 않는 부트스트랩(bootstrapping) 방법은 Sobel의 검사보다 더 엄격한 방법으로 AMOS와 같은 구조방정식 프로그램을 이용하여 분석한 뒤, 분석결과 창에서 표준화된 간접효과의 크기와 유의수준을 확인한다.

6) 제한점

① 선형적 관계에 의존하기 때문에 비선형적 관계에 대한 매개효과 분석에는 적절하지 않다.

② 경로분석은 측정오차가 없음을 가정한다. 실제 측정에는 항상 오차가 존재하기 때문에 실제 데이터에 존재하는 측정오차를 간과하는 오류를 범하게 된다.

③ 측정변수와 잠재변수의 구분이 없다. 측정변수와 잠재변수를 구분하여 모형을 설정하게 되면, 모형 내에 잠재변수에 기여하는 측정오차의 변량을 포함시켜 통계적 검증력을 향상시킬 수 있다.

④ 경로모형에서는 잔차 간의 상관관계를 가정하지 않기 때문에 실제 존재하는 잔차 간의 상관을 적절히 반영할 수 없다.

⑤ 경로모형은 재귀모형(recursive model)에 기초하고 있으며, 비재귀모형(non-recursive model)이 요구되는 상황에서는 분석모형이 실제 자료를 적절히 반영하지 못한다. 비재귀모형은 구조방정식 모형을 사용하여 분석이 가능하다.

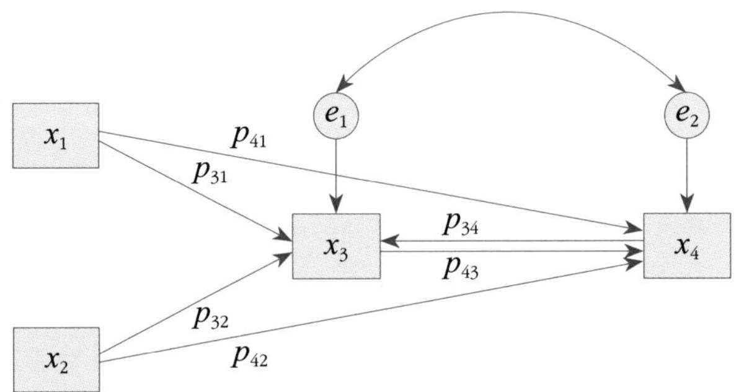

[그림 3-8] 비재귀모형의 사례

5. SPSS 회귀분석 사례

1) 동시적 회귀분석

(1) SPSS 명령문과 메뉴 활용법

• 분석 ⇨ 회귀분석 ⇨ 선형 … ▶ 종속변수, 독립변수 선택 … ▶ 방법 선택 ▶ 통계량 선택 ▶ 옵션 선택 ▶ 확인

```
regression variables=v1 v2 v3 v4
 /statistics=r coeff anova tol cha zpp
 /dependent=v4
 /method=enter v1 v2 v3.
```

(2) 상관 및 동시적 회귀분석 사례

* Zero-Order Correlation.

corr var=exp edu effic inter.

상관관계

상관관계

		교사경력	교사학력	교수효능감	상호작용
교사경력	Pearson 상관	1	.396	.563	.265
	유의확률 (양측)		.000	.000	.003
	N	125	125	125	125
교사학력	Pearson 상관	.396	1	.398	.242
	유의확률 (양측)	.000		.000	.007
	N	125	125	125	125
교수효능감	Pearson 상관	.563	.398	1	.657
	유의확률 (양측)	.000	.000		.000
	N	125	125	125	125
상호작용	Pearson 상관	.265	.242	.657	1
	유의확률 (양측)	.003	.007	.000	
	N	125	125	125	125

… Pearson의 상관 계수

```
* Simultaneous Regression.
regression
  /statistics=r coeff anova tol cha zpp
  /dependent=inter
  /method=enter exp edu effic.
```

회귀

입력/제거된 변수[a]

모형	입력된 변수	제거된 변수	방법
1	교수효능감, 교사학력, 교사경력[b]	–	입력

a. 종속변수: 상호작용
b. 요청된 모든 변수가 입력되었습니다.

모형 요약

모형	R	R 제곱	수정된 R 제곱	추정값의 표준오차	통계량 변화량				
					R 제곱 변화량	F 변화량	자유도 1	자유도 2	유의확률 F 변화량
1	.669[a]	.448	.434	.36474	.448	32.711	3	121	.000

a. 예측자: (상수), 교수효능감, 교사학력, 교사경력

… R^2과 R^2 변화량

ANOVA[a]

모형		제곱합	자유도	평균제곱	F	유의확률
1	회귀	13.056	3	4.352	32.711	.000[b]
	잔차	16.098	121	.133		
	전체	29.153	124			

a. 종속변수: 상호작용
b. 예측자: (상수), 교수효능감, 교사학력, 교사경력

… R^2의 유의성 검증

계수[a]

모형		비표준화 계수		표준화 계수	t	유의확률	상관계수			공선성 통계량	
		B	표준화 오류	베타			0차	편상관	부분상관	공차	VIF
1	(상수)	1.711	.261		6.567	.000					
	교사경력	−.071	.038	−.156	−1.863	.065	.265	−.167	−.126	.648	1.544
	교사학력	.006	.051	.008	.110	.913	.242	.010	.007	.798	1.253
	교수효능감	.669	.076	.742	8.826	.000	.657	.626	.596	.646	1.547

a. 종속변수: 상호작용

… 각 설명변수의 β값과 유의성 검증

(3) 상관 및 동시적 회귀분석 결과 보고

① 상관분석

〈표 3-4〉 교사의 경력, 학력, 교수효능감 교사-영유아 상호작용 간 상관 $N=125$

	경력	학력	교수효능감	교사-영유아 상호작용
경력	1			
학력	.396***	1		
교수효능감	.563***	.398***	1	
교사-영유아 상호작용	.265**	.242**	.657***	1

**$p<.01$, ***$p<.001$

상관분석 결과, 교사-영유아 상호작용은 교사의 경력과 $r=.265(p<.01)$, 학력 $r=.242(p<.01)$, 교수효능감과 $r=.657(p<.001)$의 상관을 보였다. 즉, 경력이 많고 학력과 교수효능감이 높을수록 교사-영유아 상호작용 수준도 높았다.

② 동시적 회귀분석

〈표 3-5〉 교사-영유아 상호작용에 대한 동시적 회귀분석 결과

설명변수	β	t	R^2	F
경력	-.156	-1.863	.448	32.711***
학력	.008	.110		
교수효능감	.742	8.826***		

**$p<.01$, ***$p<.001$

교사-영유아 상호작용에 대한 교사의 경력, 학력, 교수효능감의 동시적 회귀분석 결과, 전체변량의 44.8%가 설명되며($F(3,121)=32.711$, $p<.001$) 경력은 $\beta=-.156$(*ns*), 학력은 $\beta=.008$(*ns*), 교수효능감은 $\beta=.742(p<.001)$로, 교사-영유아 상호작용에 있어 교수효능감은 유의한 설명력을 지닌 예측변수임을 알 수 있다. 즉, 교사의 교수효능감이 높을수록 교사-영유아 상호작용이 높았다.

2) 단계적 회귀분석

(1) SPSS 명령문과 메뉴 활용법

• 분석 ⇨ 회귀분석 ⇨ 선형 … ▶ 종속변수, 독립변수 선택 … 블록(단계별 독립변수 진입 가능) ▶ 방법 선택 ▶ 통계량 선택 ▶ 옵션 선택 ▶ 확인

```
regression var=v1 v2 v3 v4
   /statistics=r coeff anova cha zpp tol
   /dependent=v4
   /method=stepwise.
```

(2) 단계적 회귀분석 사례

```
* Stepwise Regression.
reg var=exp edu effic inter
   /statistics=r coeff anova tol cha zpp
   /dependent=inter
   /method=stepwise.
```

회귀

입력/제거된 변수[a]

모형	입력된 변수	제거된 변수	방법
1	교수효능감	–	단계선택(기준: 입력에 대한 F의 확률 <= .050, 제거에 대한 F의 확률 >= .100).

a. 종속변수: 상호작용

모형 요약

모형	*R*	*R* 제곱	수정된 *R* 제곱	추정값의 표준오차	통계량 변화량				
					R 제곱 변화량	*F* 변화량	자유도 1	자유도 2	유의확률 *F* 변화량
1	.657[a]	.432	.427	.36707	.432	93.365	1	123	.000

a. 예측자: (상수), 교수효능감

ANOVA[a]

모형		제곱합	자유도	평균제곱	*F*	유의확률
1	회귀	12.580	1	12.580	93.365	.000[b]
	잔차	16.573	123	.135		
	전체	29.153	124			

a. 종속변수: 상호작용
b. 예측자: (상수), 교수효능감

계수[a]

모형		비표준화 계수		표준화 계수	*t*	유의확률	상관계수			공선성 통계량	
		B	표준화 오류	베타			0차	편상관	부분상관	공차	*VIF*
1	(상수)	1.824	.255		7.151	.000					
	교수효능감	.592	.061	.657	9.663	.000	.657	.657	.657	1.000	1.000

a. 종속변수: 상호작용

제외된 변수[a]

모형		베타 입력	공선성 통계량	
			VIF	최소공차
1	교사경력	−.154b	1.465	.683
	교사학력	−.024b	1.189	.841

a. 종속변수: 상호작용
b. 모형내의 예측자: (상수), 교수효능감

(3) 단계적 회귀분석 결과 보고

〈표 3-6〉 교사-영유아 상호작용에 대한 단계적 회귀분석 결과

단계	설명변수	β	t	R^2	F	ΔR^2	ΔF
1	교수효능감	.657	9.663***	.432	93.365***	.432	93.365***

***$p<.001$

교사-영유아 상호작용에 대한 단계적 회귀분석 결과, 교수효능감($\beta=.657$ ($p<.001$))의 상대적 설명력이 가장 커 교사-영유아 상호작용 전체변량의 43.2%를 설명하였고($F(1,123)=93.365$, $p<.001$), 교수효능감이 높을수록 교사의 교사-영유아 상호작용 점수도 높아짐을 알 수 있다.

3) 위계적 회귀분석 방식

(1) SPSS 명령문과 메뉴 활용법

- 분석 ⇨ 회귀분석 ⇨ 선형 … ▶ 종속변수, 독립변수 선택 … 블록(단계별 독립변수 진입 가능) ▶ 방법 선택 ▶ 통계량 선택 ▶ 옵션 선택 ▶ 확인

```
regression var=v1 v2 v3 v4
  /statistics=r coeff anova cha zpp tol
  /dependent=v4
  /method=enter v1
  /method=enter v2
  /method=enter v3.
```

(2) 위계적 회귀분석 사례

```
* Hierarchical Regression.
regression
  /statistics=r coeff anova tol cha zpp
```

```
/dependent=inter
/method=enter exp edu
/method=enter effic.
```

회귀

입력/제거된 변수[a]

모형	입력된 변수	제거된 변수	방법
1	교사학력, 교사경력[b]	–	입력
2	교수효능감[b]	–	입력

a. 종속변수: 상호작용
b. 요청된 모든 변수가 입력되었습니다.

모형 요약

모형	R	R 제곱	수정된 R 제곱	추정값의 표준오차	통계량 변화량				
					R 제곱 변화량	F 변화량	자유도 1	자유도 2	유의확률 F 변화량
1	.304[a]	.092	.077	.46573	.092	6.204	2	122	.003
2	.669[b]	.448	.434	.36474	.356	77.905	1	121	.000

a. 예측자: (상수), 교사학력, 교사경력
b. 예측자: (상수), 교사학력, 교사경력, 교수효능감

ANOVA[a]

모형		제곱합	자유도	평균제곱	F	유의확률
1	회귀	2.691	2	1.346	6.204	.003[b]
	잔차	26.462	122	.217		
	전체	29.153	124			
2	회귀	13.056	3	4.352	32.711	.000[c]
	잔차	16.098	121	.133		
	전체	29.153	124			

a. 종속변수: 상호작용
b. 예측자: (상수), 교사학력, 교사경력
c. 예측자: (상수), 교사학력, 교사경력, 교수효능감

계수[a]

모형		비표준화 계수		표준화 계수	t	유의 확률	상관계수			공선성 통계량	
		B	표준화 오류	베타			0차	편 상관	부분상관	공차	VIF
1	(상수)	3.800	.139		27.272	.000					
	교사경력	.091	.043	.200	2.132	.035	.265	.190	.184	.843	1.186
	교사학력	.109	.063	.163	1.730	.086	.242	.155	.149	.843	1.186
2	(상수)	1.711	.261		6.567	.000					
	교사경력	−.071	.038	−.156	−1.863	.065	.265	−.167	−.126	.648	1.544
	교사학력	.006	.051	.008	.110	.913	.242	.010	.007	.798	1.253
	교수효능감	.669	.076	.742	8.826	.000	.657	.626	.596	.646	1.547

… 모형 1의 설명 변수 검토

… 모형 2에 추가된 설명 변수 검토

a. 종속변수: 상호작용

제외된 변수[a]

모형		베타 입력	공선성 통계량	
			VIF	최소공차
1	교수효능감	.742[b]	1.547	.646

a. 종속변수: 상호작용
b. 모형내의 예측자: (상수), 교사학력, 교사경력

(3) 위계적 회귀분석 결과 보고

〈표 3-7〉 교사-영유아 상호작용에 대한 위계적 회귀분석 결과

단계	설명변수	β	t	R^2	F	ΔR^2	F변화량
1	경력	.200	2.132*	.092	6.204**	–	–
	학력	.163	1.730				
2	교수효능감	.742	8.826***	.448	32.711***	.356	77.905***

*$p<.05$, **$p<.01$, ***$p<.001$

교사-영유아 상호작용에 대해 교사 경력과 학력을 투입한 후, 교수효능감을 투입하는 위계적 회귀분석 결과, 먼저 교사 경력($\beta=.200$, $p<.05$)과 학력($\beta=.163$, *ns*)을 투입한 결과, 교사-영유아 상호작용 전체변량이 9.2%로 유의한 설명력을 보였다($F(2,122)=6.204$, $p<.01$). 다음으로 교수효능감($\beta=.742$, $p<.001$)을 추가한 후 교사-영유아 상호작용에 대한 설명력이 35.6%가 증가하여($F(1,121)=77.905$, $p<.001$) 총 44.8%의 변량이 설명되었다($F(3,121)=32.711$, $p<.001$).

(4) 회귀분석 문헌사례

〈표 3-8〉 음악교수 효능감 전체

N=187

독립변인	*B*	*β*	*t*	R^2	$adj.R^2$	*F*
교사학력	.101	.154	2.822**	.517	.506	48.610***
교사경력	.014	.042	.760			
통합음악연수 경험	.044	.049	.918			
음악교수 내용지식	.794	.665	12.661***			

**$p<.01$, ***$p<.001$

유아교사의 배경변인(학력, 경력, 통합음악연수 경험)과 음악교수 내용지식이 '음악교수 효능감'에 미치는 영향을 살펴본 결과는 〈표 3-8〉과 같다. 각 변수 간의 다중공선성을 확인한 결과, *VIF*는 1.040~1.127이고, 잔차 상관을 나타내는 Durbin-Watson는 2.023로 회귀분석의 기본 가정을 충족하였다.

〈표 3-8〉에 제시된 바와 같이 유아교사의 배경변인(학력, 경력, 통합음악연수 경험)과 음악교수 내용지식은 음악교수 효능감의 51.7% 설명하였다($F(4,182)=48.610$, $p<.001$). '음악교수 효능감'에 대한 각 변수의 독자적 설명력을 살펴보면, 음악교수 내용지식($\beta=.665$, $t=12.661$, $p<.001$), 교사학력($\beta=.154$, $t=2.822$, $p<.01$)의 상대적 설명력이 통계적으로 유의하였다. '음악교수 효능감'에 대한 유아교사의 경력($\beta=.042$, $t=.760$, *ns*)과 통합음악연수 경험($\beta=.049$, $t=.918$, *ns*)의 설명력은 통계적으로 유의하지 않았다. 즉, 음악교수 효능감에 있어서 유아교사의 음악교수 내용지식과 학력이 중요한 설명력을 지니는 변수임을 알 수 있다.

출처: 윤혜주, 이경옥(2019).

4) 경로분석

(1) 경로분석 모형

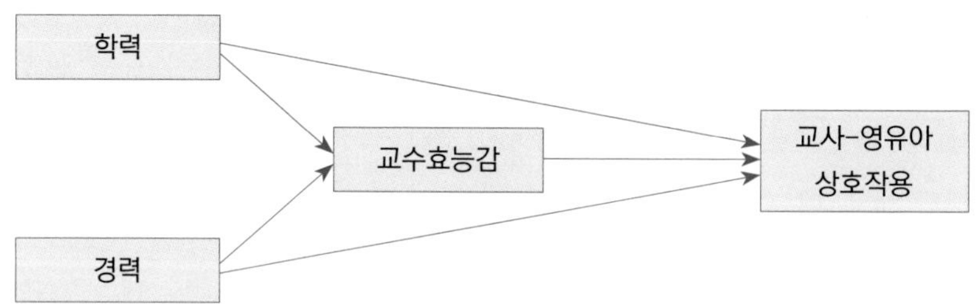

(2) 경로분석 사례

```
* path analysis.
reg var=exp edu effic inter
   /statistics=r coeff anova tol cha zpp
   /dependent=effic
   /method=enter exp edu.
```

회귀

입력/제거된 변수[a]

모형	입력된 변수	제거된 변수	방법
1	교사학력, 교사경력[b]	–	입력

a. 종속변수: 교수효능감
b. 요청된 모든 변수가 입력되었습니다.

모형 요약

모형	R	R 제곱	수정된 R 제곱	추정값의 표준오차	통계량 변화량				
					R 제곱 변화량	F 변화량	자유도 1	자유도 2	유의확률 F 변화량
1	.595[a]	.354	.343	.43581	.354	33.383	2	122	.000

a. 예측자: (상수), 교사학력, 교사경력

ANOVA[a]

모형		제곱합	자유도	평균제곱	F	유의확률
1	회귀	12.681	2	6.340	33.383	.000[b]
	잔차	23.171	122	.190		
	전체	35.852	124			

a. 종속변수: 교수효능감
b. 예측자: (상수), 교사학력, 교사경력

계수[a]

모형		비표준화 계수		표준화 계수	t	유의확률	상관계수			공선성 통계량	
		B	표준화 오류	베타			0차	편 상관	부분 상관	공차	VIF
1	(상수)	3.123	.130		23.952	.000					
	교사경력	.243	.040	.481	6.067	.000	.563	.481	.442	.843	1.186
	교사학력	.155	.059	.208	2.623	.010	.398	.231	.191	.843	1.186

a. 종속변수: 교수효능감

```
reg var=exp edu effic inter
  /statistics=r coeff anova tol cha zpp
  /dependent=inter
  /method=exp edu effic.
```

회귀

입력/제거된 변수[a]

모형	입력된 변수	제거된 변수	방법
1	교수효능감, 교사학력, 교사경력[b]	–	입력

a. 종속변수: 상호작용
b. 요청된 모든 변수가 입력되었습니다.

모형 요약

모형	R	R 제곱	수정된 R 제곱	추정값의 표준오차	통계량 변화량				
					R 제곱 변화량	F 변화량	자유도 1	자유도 2	유의확률 F 변화량
1	.669[a]	.448	.434	.36474	.448	32.711	3	121	.000

a. 예측자: (상수), 교수효능감, 교사학력, 교사경력

ANOVA[a]

모형		제곱합	자유도	평균제곱	F	유의확률
1	회귀	13.056	3	4.352	32.711	.000[b]
	잔차	16.098	121	.133		
	전체	29.153	124			

a. 종속변수: 상호작용
b. 예측자: (상수), 교수효능감, 교사학력, 교사경력

계수[a]

모형		비표준화 계수		표준화 계수	t	유의확률	상관계수			공선성 통계량	
		B	표준화 오류	베타			0차	편 상관	부분 상관	공차	VIF
1	(상수)	1.711	.261		6.567	.000					
	교사경력	−.071	.038	−.156	−1.863	.065	.265	−.167	−.126	.648	1.544
	교사학력	.006	.051	.008	.110	.913	.242	.010	.007	.798	1.253
	교수효능감	.669	.076	.742	8.826	.000	.657	.626	.596	.646	1.547

a. 종속변수: 상호작용

(3) 경로분석 결과 보고

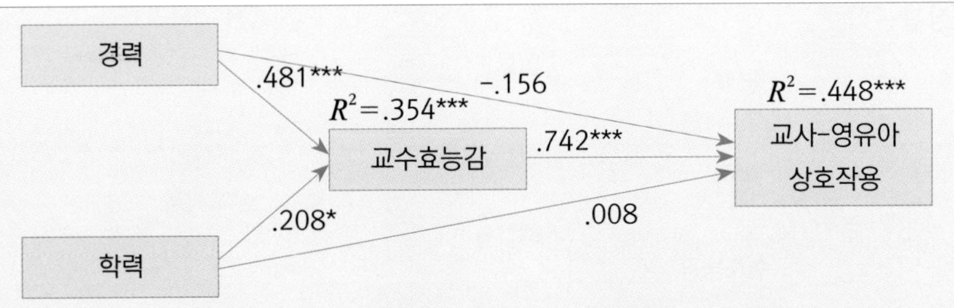

[그림 3-9] 교사-영유아 효능감에 이르는 경로분석 결과

경로분석 결과를 살펴보면, 경력(β=.481, p<.001)과 학력(β=.208, p<.05)에서 교수효능감에 이르는 경로는 모두 유의하고 총 설명력은 35.4%이다(F(2,112)=33.383, p<.001), 또한, 교사-영유아 상호작용에 이르는 경로는 경력(β=-.156, *ns*), 학력(β=.008, *ns*), 교수효능감(β=.742, p<.001) 중 교수효능감만 유의하여 총 설명력은 44.8%이다(F(3,121)=32.711, p<.001).

교사-영유아 상호작용에 이르는 직·간접효과를 살펴보면, 〈표 3-9〉와 같다. 경력은 교사-영유아 상호작용에 이르는 직접효과는 통계적으로 유의하지 않지만, 교수효능감을 거친 간접효과는 .357로 경력이 많을수록 효능감이 높아져 교사-영유아 상호작용도 높아지는 간접효과를 나타낸다. 또한, 교사 학력에서는 교사-영유아 상호작용에 이르는 직접효과는 통계적으로 유의하지 않지만, 교수효능감을 거친 간접효과는 .154로, 교사의 학력이 높을수록 교수효능감이 높아져 교사-영유아 상호작용도 높아지는 간접효과가 있음을 알 수 있다.

〈표 3-9〉 경로모형의 효과계수

		경력	학력	교수효능감
교수효능감	직접효과	.481	.208	-
	간접효과	-	-	-
	전체 효과	.481	.208	-
교사-영유아 상호작용	직접효과	-.156	.008	.742
	간접효과	.357	.154	-
	전체 효과	.201	.162	.742

〈상관분석, 회귀분석, 경로분석 결과 비교〉

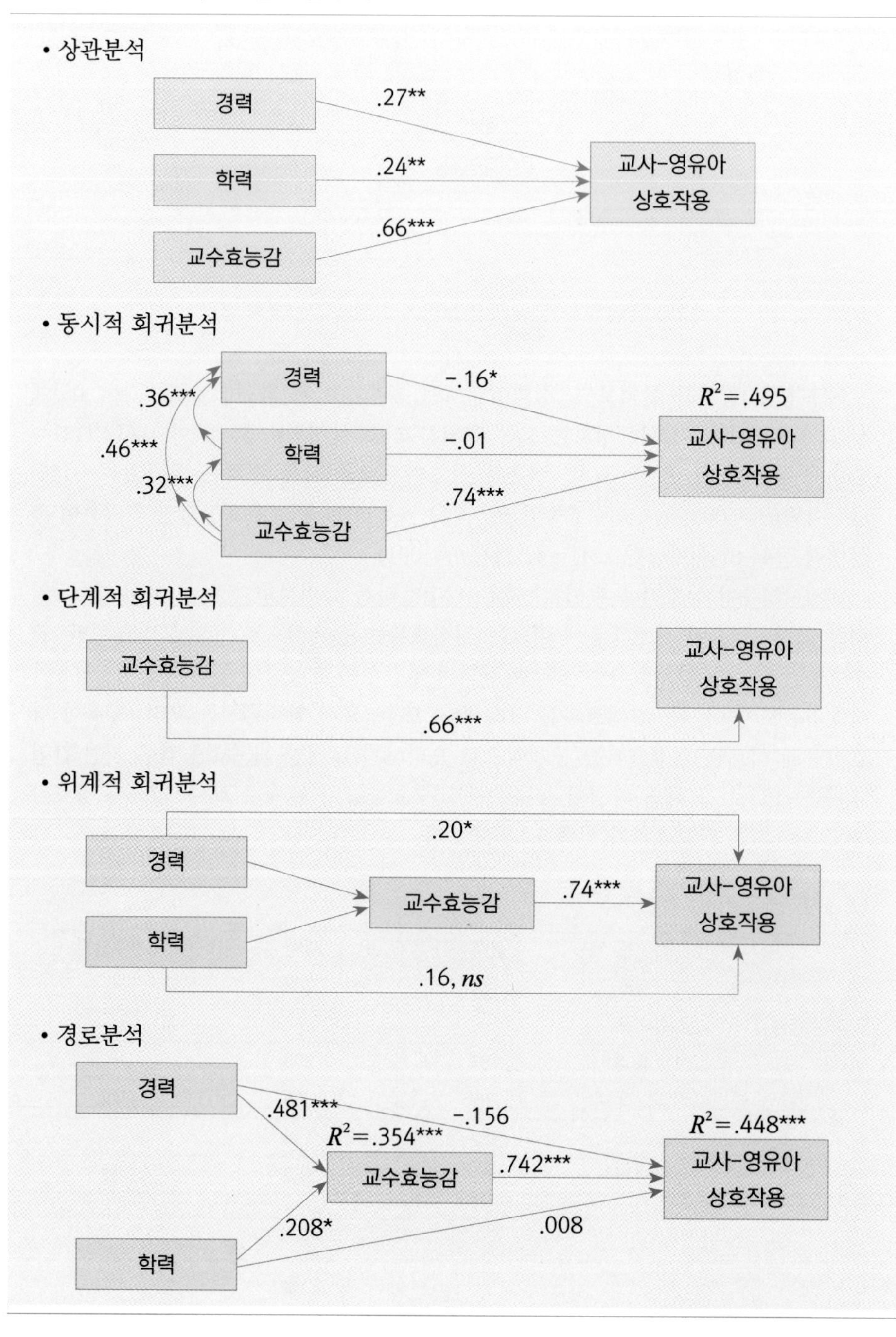

제2부

측정이론과 요인분석

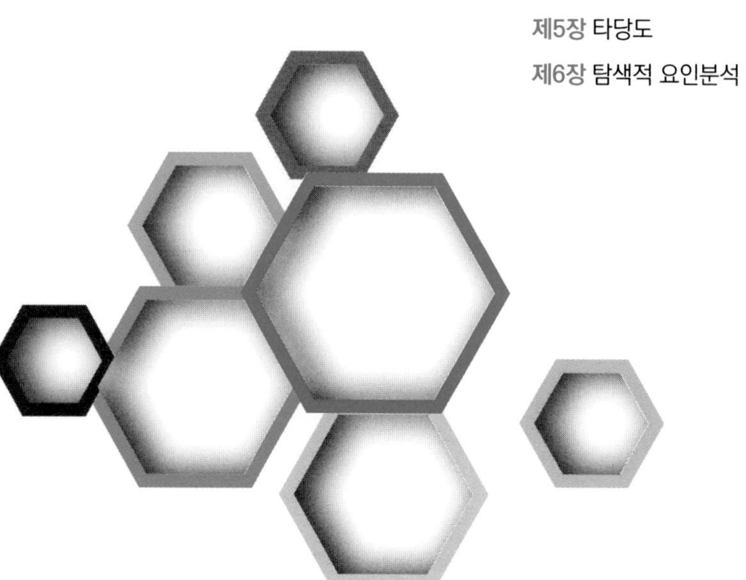

제4장 측정과 신뢰도

1. 측정의 이해

1) 측정이란

통계분석에 앞서, 모든 자료는 수량화 과정을 거쳐야 한다. 관심 대상 변수에 숫자를 부여하여 수량화하는 과정을 측정(measurement)이라고 한다. 유아교육 분야의 연구에서 관심을 기울이는 측정의 대상은 대부분 직접 측정이 불가능한 추상적 개념이다. 이와 같이 직접 측정할 수 없는 내재적 특성을 설명하기 위한 추상적 개념을 구성개념(construct)이라고 한다. 이러한 구성개념은 조작적 정의를 통해 측정이 가능해진다. 조작적 정의(operational definition)란 추상적 개념이나 용어를 측정할 수 있게 조작하여 객관적이고 경험적인 방식으로 기술하는 것을 말한다. 예를 들어, 유아의 사회적 능력은 직접 측정할 수 없지만, 유아의 사회적 능력을 나타내는 주된 요인을 추출하고 요인별로 구체적인 문항을 개발하여 유아의 사회적 능력을 측정할 수 있다.

2) 척도화 방법

키나 몸무게를 재는 것과 마찬가지로 유아의 발달과 심리적 속성을 측정하기 위한 척도가 필요하다. 관심 대상에 숫자를 부여하는 척도화 방법으로는 Thurstone 척도, Likert 척도, Guttman 척도, 의미분별 척도(semantic differential scale), 사회적 역동성 척도(sociometry) 등이 있다.

(1) Thurstone 척도

가장 오래된 척도화 방식으로 Thurstone(Thurstone & Chave, 1929)에 의해 소개된 방식이다. 하나의 대상을 측정하는 여러 문항을 양적인 연속성 위에 놓고 각 문항의 위치에 따라 가중치를 부여한 후 문항을 무선적으로 배열하여 제시한다. 응답자가 각 문항에 대해 '예/아니오'로 답하게 한 후 응답자가 동의하는 모든 문항의 가중치를 주어 합한 뒤, 평균을 내어 점수를 산출한다. 유사동간척도(equal-appearing interval scale)라고도 한다.

(2) Likert 척도

가장 널리 사용되는 방식으로, 각 문항에 대해 '동의/부정(만족/불만족)'의 정도를 응답하게 하여 측정한다. 보통 여러 문항의 개별 응답 점수를 합하여 척도를 구성하기 때문에 총화평정척도(summated rating scale)라고도 한다. 5점 척도(매우 만족, 대체로 만족, 보통, 대체로 불만족, 매우 불만족)를 가장 많이 사용하지만, 필요에 따라 4점이나 3점 척도를 사용하거나 응답범주를 세분화하여 7점 척도를 사용하기도 한다. Likert 척도는 서열척도이지만 대부분 여러 문항에 대한 응답을 합산하여 사용하므로 동간척도로 간주된다.

(3) Guttman 척도

질문의 강도에 따라 오름차순 혹은 내림차순으로 문항을 배열하여 응답자의 위치를 파악하여 점수화하는 방식이다. 문항을 단일차원으로 구성하여 약한 강도의 질문에서 점차 강한 강도의 질문을 연속선상에 나열하여 제시하기 때문에 누적척도(cumulative scale)라고도 한다. 다른 척도와 달리 응답자 개인을 서열화하는 방법으로 개인차 연구나 단일차원 특성의 측정에 유용하지만 위계적인 문항을 만들고 배열하기가 어려워 거의 사용되지 않는다.

(4) 의미분별 척도

서로 상반되는 형용사를 양 끝에 제시하고 5점 또는 7점으로 구분하여 응답자의 주관적인 의미를 평가하는 방식이다. 이해하기 쉽고 응답이 편리하며 동간척도로 분석이 용이하다는 장점이 있으나 적절한 형용사 조합을 구성하기가 어려울 경우에는 적용하기 힘들다는 단점이 있다.

(5) 사회적 역동성 척도

Moreno가 개발한 방법으로, 집단 내 구성원 간 거리를 측정하는 방식에서 출발하여 구성원 간에 존재하는 대인관계에 대한 자료를 수집하여 도표화하거나 점수화하는 방식으로 발전하였다. 구성원 간의 호감과 반감을 조사하여 그 빈도와 강도에 따라 집단구조를 이해하고 대인관계를 파악할 수도 있다. 소규모 집단 내 사회적 지위, 사회적응도, 인기도 등의 평가에 용이하다.

3) 측정과 측정오차

조작적 정의에 따라 구성개념을 측정하기 위해 구성된 측정변수는 어느 정도의 오차를 포함한다. 측정오차는 크게 체계적 오차(systematic error)와 비체계적 오차(random error)로 나뉜다. 체계적 오차는 측정결과에 항상 일정한 방향으로 나타나는 오차로, 측정도구가 구성개념을 정확하게 측정하지 못해서 발생한다. 이러한 오차는 타당도(validity)에 영향을 미친다. 반면, 비체계적 오차는 측정자의 피로,

기억, 감정의 변화와 같은 요인이 무선적으로 발생하여 일관성 없는 측정결과를 산출한다. 이러한 일관성 없는 측정결과는 신뢰도(reliability)에 영향을 미친다.

2. 신뢰도의 이해

1) 신뢰도의 개념

(1) 신뢰도와 측정오차

측정도구를 통해 얻은 자료가 적절한지를 판단하려면 우선 측정도구가 일관된 결과를 제공해 주는지를 살펴봐야 한다. 동일 대상을 반복적으로 측정할 때 일관된 결과를 가져올 수 있는 정도를 신뢰도라고 한다. 신뢰도는 측정의 일관성(consistency) 또는 안정성(stability)이라고도 한다. 사물이나 사람의 특성을 측정할 때 일관성 있는 결과를 얻는다면 해당 측정도구는 신뢰롭다고 할 수 있다.

측정도구로 얻은 측정결과는 실제 특성을 반영하여 일관된 결과로 나타나는 부분과 실제 특성과 무관한 부분을 포함한다. 즉, 측정값은 일관성 있게 얻어지는 진점수(true score)와 일관성이 없는 측정오차(measurement error)로 인한 오차점수(error score)로 나뉜다.

$$X(\text{측정값}) = T(\text{진점수}) + e(\text{오차점수})$$

측정오차가 없다면 측정값은 정확하게 진점수를 반영한다($X=T$). 그러나 측정오차가 있을 때 측정값은 진점수와 오차점수의 합이 된다($X=T+e$). 측정값의 전체변량(total variance: σ_X^2)은 진점수 변량(true variance: σ_T^2)과 오차점수 변량(error variance: σ_e^2)으로 구성된다.

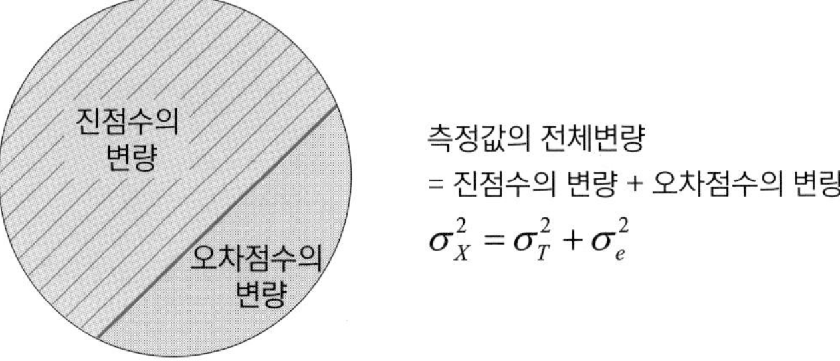

[그림 4-1] 측정값 전체변량의 구성

오차점수 변량이 0이면 측정오차가 없음을 의미하며, 측정값의 전체변량은 진점수 변량과 같다($\sigma_X^2 = \sigma_T^2$). 오차점수 변량이 커질수록 전체변량에서 진점수가 차지하는 비율이 점점 낮아져 측정오차가 커져서 측정결과의 일관성은 떨어진다. 이때 전체변량에서 진점수 변량이 차지하는 비율을 신뢰도라 한다.

$$\text{신뢰도} = \frac{\text{진점수 변량}}{\text{전체 변량}} = 1 - \frac{\text{오차점수 변량}}{\text{전체 변량}}$$

$$\rho_{XX'} = \frac{\sigma_T^2}{\sigma_X^2} = \frac{\sigma_X^2 - \sigma_e^2}{\sigma_X^2} = 1 - \frac{\sigma_e^2}{\sigma_X^2}$$

오차점수 변량이 0인 경우, 측정값의 전체변량은 진점수 변량과 같아지며($\sigma_e^2 = 0$이면, $\sigma_X^2 = \sigma_T^2$), 신뢰도는 1.0($\rho_{XX'} = 1$)이 된다. 그러나 측정오차 변량이 커지면 전체변량에서 진점수 변량이 줄어들어 신뢰도가 낮아진다.

(2) 신뢰도와 상관관계

두 변수 간의 상관관계를 구할 때 측정오차를 고려하지 않으면, 상관관계 계수는 두 변수의 측정값 간의 실제 상관을 과소평가할 수 있다. 측정오차를 고려하여 두 변수 간의 상관을 보정한 상관관계 산출공식은 다음과 같다.

$$\text{보정된 두 변수 간 상관: } r'_{xy} = \frac{r_{xy}}{\sqrt{\alpha_x \times \alpha_y}}$$

예를 들면, x와 y의 신뢰도, α_x와 α_y가 각각 .7이고 두 측정변수 간의 상관관계, r_{xy}가 .32일 경우에 측정오차를 제외하고 신뢰할 수 있는 진점수 간의 보정된 상관관계를 구하면 다음과 같다.

$$r'_{xy} = \frac{.32}{\sqrt{.7 \times .7}} = .46$$

즉, 두 변수의 진점수 간의 상관관계($r'_{xy} = .46$)는 측정값 간의 상관관계($r_{xy} = .32$)보다 더 높다. 측정값으로부터 산출된 상관관계 계수는 실제 두 변수 간의 상관관계를 과소평가함을 의미하며, 측정오차를 고려하여 상관을 보정해 주면 두 변수 간 상관이 더 명확해진다.

2) 측정오차의 원인

(1) 측정시간의 차이로 인한 오차

측정오차는 반복 측정된 관찰이나 측정의 시간차로 인해 발생한다. 측정시간에 따른 측정오차는 측정 시점에 연구대상자의 기분이나 건강상태, 장소나 분위기와 같은 환경의 영향으로 인해 발생한다. 특히 영유아의 경우, 측정이 이루어진 시점 간의 발달이나 성숙으로 인해 측정오차가 발생할 수 있으므로 측정시간의 차이에 따른 오차에 유의하여야 한다.

(2) 문항 구성에 따른 오차

여러 개의 문항으로 하나의 구성개념을 측정할 때, 문항 구성의 차이로 인해 측정오차가 발생하며, 여러 개의 하위척도로 구성된 측정도구의 경우, 하위척도의 구성에 따라 측정오차가 발생한다. 일반적으로 측정도구를 구성하는 문항이 동질할수록 측정오차가 감소한다. 측정도구는 이러한 오차를 최소화하면서 동시에 동일한 문항이 반복되기보다는 다양한 문항이 일관성 있게 하나의 특성을 측정하도록 문항을 구성하는 것이 좋다.

(3) 관찰자에 따른 오차

관찰자(혹은 평정자)에 따라 측정값이 달라진다면 관찰자에 따른 오차가 발생한다. 여러 명의 관찰자나 검사자(혹은 평정자)에 의해 평가될 때 관찰자 간의 주관적 편견으로부터 발생하는 오차를 관찰자 간 오차라고 한다.

3. 신뢰도의 종류

신뢰도는 측정의 일관성에 영향을 미치는 측정오차를 고려하여 추정되며, 검사-재검사 신뢰도, 동형검사 신뢰도, 반분검사 신뢰도, 내적합치도, 관찰자 간 신뢰도가 있다.

1) 검사-재검사 신뢰도

검사-재검사 신뢰도(test-retest reliability)는 한 집단에 같은 검사를 반복 시행한 후 얻어진 측정값 간의 일관성을 의미한다. 안정도계수(coefficient of stability)라고도 한다. 검사-재검사 신뢰도는 반복하여 실시된 검사에서 얻어진 측정값 간의 상관관계로 산출한다. 검사-재검사 신뢰도(r_{tt})가 1에 가까울수록 반복 시행된 측정값이 일치됨을 의미한다.

두 검사 간 간격이 너무 길면 응답자의 성숙으로 인해 진점수가 변하여 신뢰도가 낮아질 수 있다. 반대로 검사 간격이 너무 짧으면 기억에 따른 이월효과가 커져 신뢰도가 높아진다. 특히 유아의 경우 검사간격이 길어지면 성숙효과가 우려되고, 성인들의 경우 검사간격이 짧아지면 검사문항에 대한 기억효과가 개입할 우려가 있다.

〈검사-재검사 신뢰도 사례〉

〈표 4-1〉 K-WPPSI-IV(4:0-7:7세)의 검사-재검사 신뢰도

지표점수	*n*	1차검사		2차검사		*r*
		평균	표준편차	평균	표준편차	
언어이해	100	105.09	16.66	106.79	16.31	.88
시공간	100	104.32	13.34	105.82	12.97	.80
유동추론	67	102.21	14.46	102.73	14.39	.88
작업기억	100	102.41	13.68	102.72	13.75	.75
처리속도	67	104.54	12.31	105.36	12.25	.79
전체IQ	100	104.19	12.87	106.19	13.29	.90

검사-재검사 신뢰도는 전 연령을 대상으로 Pearson의 적률상관계수를 사용하여 추정하였다. 〈표 4-1〉에 제시된 바와 같이 5개의 기본지표 및 전체 지능의 검사-재검사 수행 간의 상관은 .90~.75의 상관을 보이고, 언어이해지표의 상관이 시공간지표와 작업기억지표보다 높았다. 이러한 결과는 K-WPPSI-IV가 모든 연령에 걸쳐 적절한 측정의 안정성을 보여 준다. 또한 그림기억 소검사를 제외한 모든 소검사에서 재검사의 전체 평균 수행이 1차 검사 시의 점수보다 모두 높았는데, 재검사 신뢰도의 추정을 위해서는 동일한 피험자에게 동일한 검사를 일정한 시간 간격을 두고 두 번 실시했기 때문에 소검사 간의 연습효과로 추정된다.

출처: 박혜원, 이경옥, 이상희, 박민정(2016).

2) 동형검사 신뢰도

동형검사 신뢰도(equivalent-forms reliability, alternate-forms reliability)는 동형의 검사나 유사한 검사를 활용한 신뢰도 측정방법으로, 동형의 두 검사 간의 일치도

를 평가한다. 동형검사 신뢰도는 동시에 시행한 동형의 두 검사에서 획득한 측정값 간의 상관관계로 산출한다. 동형검사는 측정도구의 평균, 표준편차, 문항 수가 같아야 하며, 검사의 성격, 목적, 문항구성, 실시과정, 난이도와 변별도 등 모든 면에서 동일한 문항으로 구성된다.

동형검사 신뢰도는 하나의 검사를 실시한 다음 일정한 시간이 지난 후 동형의 검사를 실시하여, 첫 번째 측정결과와 두 번째 측정결과 간 상관관계를 산출한다. 동형검사 신뢰도는 동형의 두 검사를 실시하여 검사-재검사 신뢰도에서 나타나는 기억이나 학습효과로 인한 측정오류를 감소시킬 수 있다. 그러나 동형의 검사지를 개발하기 어렵고 동형의 두 검사문항 표집에 따른 오차와 검사순서에 따른 시간차에 따른 오차가 발생한다는 단점이 있다.

3) 반분검사 신뢰도

반분검사 신뢰도(split-half reliability)는 하나의 검사를 한 집단에 실시한 다음, 측정도구를 반으로 나누어 반분된 두 측정결과의 일관성을 의미한다. 반분신뢰도는 반분된 두 측정값 간의 상관관계로 산출한다.

반분검사 신뢰도는 검사 전체가 아닌 측정도구를 반분하여 측정결과의 상관계수를 통해 산출하기 때문에 과소추정될 우려가 있다. 이러한 문제를 보완한 Spearman-Brown이나 Guttman의 반분신뢰도 계수가 사용된다. Spearman-Brown의 반분신뢰도의 산출 공식은 다음과 같다.

$$\rho_{XX'} = \frac{2r_{XX'}}{1 + r_{XX'}}$$

일반적으로 반분신뢰도 $\rho_{XX'}$는 반으로 나누어진 검사점수의 상관관계 $r_{XX'}$보다 큰 값을 갖는다. 예를 들면, $r_{XX'} = .6$이면, 반분신뢰도 $\rho_{XX'} = .75$이고, $r_{XX'} = .8$이면,

$\rho_{XX'}$ = .88이다. 반분신뢰도는 문항 수의 영향을 받는다. 일반적으로 문항 수가 많아지면 신뢰도가 증가하고 문항 수가 줄어들면 신뢰도도 감소한다.

반분검사 신뢰도의 경우, 하나의 측정도구를 사용함으로써 동형의 측정도구를 제작하는 어려움을 피할 수 있으며 시간차에 따른 오차를 줄일 수 있다. 그러나 측정도구를 반분하여야 하므로 적어도 10문항 내외의 문항이 필요하다. 또한, 검사 피로도나 문항 제시순서(예: 초반부에 쉬운 문제, 후반부에 까다로운 문항 배치 등)에 따른 영향을 고려하여야 한다. 측정도구를 양분하는 방식으로 문항을 무작위로 나누는 방법과 홀수와 짝수로 나누는 방법(기우법)이 주로 사용된다. 측정도구를 구성하는 문항 특성(형식, 내용, 난이도, 변별도 등)을 고려하여 반분하기도 한다.

〈반분검사 신뢰도 사례〉

〈표 4-2〉 K-WPPSI-IV(4:0-7:7세)의 반분신뢰도

지표	해당 소검사	Spearman-Brown 계수
언어이해	상식, 공통성	.934
시공간	토막짜기, 모양 맞추기	.847
유동추론	행렬 추리, 공통그림 찾기	.957
작업기억	그림 기억, 위치 찾기	.847
처리속도	동형 찾기, 선택하기	.777
전체IQ	토막짜기, 상식, 행렬추리, 동형찾기, 그림기억, 공통성	.917

각 소검사의 신뢰도계수는 반분신뢰도를 산출하여, 그 결과는 〈표 4-2〉에 제시하였다. 분석 결과, 예비연구에 사용된 지표의 신뢰도는 .847~.957로 높게 나타났다. 이러한 결과는 미국판 표준화 연구에서 제시된 결과와 유사한 수준으로 한국 유아의 지능검사에도 적절한 도구임을 확인할 수 있었다.

출처: 이경옥, 박혜원, 이상희(2015).

4) 내적합치도

내적합치도(internal consistency)는 하나의 구성개념을 여러 개의 문항으로 측정할 때 각 문항의 측정값이 지닌 일관성을 의미한다. 내적합치도는 한 검사를 구성하는 문항을 독립된 검사로 간주하여 각 문항이 얼마나 일관성 있게 해당 구성개념을 측정하는지를 평가한다. 내적합치도 계수를 추정하는 방법으로는 *KR*−20(Richardson & Kuder, 1939)와 *Cronbach* α(Cronbach, 1951)가 있다. *KR*−20는 이분문항에 한정되나 *Cronbach* α는 이분 문항은 물론 연속변수에도 적용할 수 있으며 측정값의 분산과 진점수의 분산의 비율로 산출한다.

$$\alpha = \frac{k}{k-1}\left[1-\sum_{i=1}^{k}\frac{\sigma_{y_i}^2}{\sigma_Y^2}\right]$$

n : 문항수

$\sigma_{Y_i}^2$: 각 문항의 변량

σ_y^2: 총점의 변량

특히 *Cronbach* α는 문항 간의 일관성에 기초하여 단일한 신뢰도 추정값을 산출한다는 장점이 있지만 신뢰도를 과소평가하는 단점이 있다. 성취도검사나 지능검사와 같은 개인 평가를 목적으로 한 측정도구의 경우에는 신뢰도가 .9 이상, 일반적인 심리검사는 .8 이상이면 적절하다. 새롭게 개발한 측정도구나 연구목적의 측정도구의 경우 .6이 넘으면 무난하다고 본다(Nunnally, 1978).

α값과 더불어 **수정된 항목−전체 상관과 항목이 삭제된 경우의 *Cronbach* α값**을 참고하여 각 문항의 적절성을 검토한다. 일반적으로 수정된 항목−전체 상관이 .3 이상이 되어야 적절하다. 수정된 항목−전체 상관이 .3 이하이거나 항목이 삭제된 경우의 *Cronbach* α값이 전체 α값보다 크면, 해당 문항의 내용을 검토하여 문항 삭제 여부를 결정한다.

〈하위척도 신뢰도만 산출한 내적합치도 사례〉

〈표 4-3〉 교사 평정의 내적합치도

척도(문항 수)	점수범위		*M*	*SD*	Cronbach's α	문항-전체 상관 중간값
	최솟값	최댓값				
품행장애(27)	27	107	35.12	12.95	.95	.64
주의·충동성 문제(15)	15	71	21.35	9.39	.94	.70
정서 문제(17)	17	56	22.98	6.58	.87	.51
사회 위축(9)	9	36	11.77	4.01	.84	.58
신체 문제(9)	9	37	12.07	4.49	.84	.63
자신감 결여(10)	10	38	13.40	4.39	.82	.54
지적 문제(6)	6	24	7.77	3.15	.83	.65

K-BBRS-2의 내적합치도를 살펴보기 위해 93문항에 대한 신뢰도 분석을 실시하였다. 분석결과, 〈표 4-3〉에 제시한 바와 같이 각 척도별 신뢰도는 .81-.95로 높았고, 각 척도 내 문항-전체 상관의 중간값은 .51-.70로 양호하였다.

출처: 이경옥, 오새니, 심혜진, 이상희(2016).

5) 관찰자 간 신뢰도

관찰자 간 신뢰도(inter-observer reliability, inter-rater reliability)는 관찰자 간 평가가 일치하는 정도를 의미한다. 관찰자의 주관적인 판단에 따라 측정결과가 달라진다면, 관찰 결과를 신뢰할 수 없다.

관찰자 간 신뢰도를 산출하는 방식은 사용된 관찰척도에 따라 달라진다. 범주변수의 경우 일치도(agreement, %)나 Kappa(*K*)값을 산출한다. 일반적으로 Kappa값은 .6 이상일 때 우수하다고 보고, .40 이하면 재검토가 요구된다(Davies & Fleiss, 1982). 연속변수는 *Pearson*의 단순상관계수를 사용하여 관찰자 간 신뢰도를 산출한다. 관찰자 간 신뢰도 산출예시를 살펴보자.

〈관찰척도에 따른 관찰자 간 신뢰도 산출 예시〉

• 관찰자료

관찰대상	관찰자 A	관찰자 B	관찰자 C
1	2	1	2
2	3	2	3
3	4	3	4
4	2	1	4
5	4	3	4
6	5	5	5
7	3	2	3
8	4	3	4
9	2	2	2
10	5	5	2

① 평정척도를 사용한 관찰자 간 신뢰도

관찰자에 의해 평가된 결과가 유아의 사회적 능력을 5점 척도로 평정한 경우, 상관관계를 산출하여 관찰자 간 신뢰도를 검토한다. 관찰자 A와 B 간의 상관은 $r=.948$로 관찰자 간 신뢰도가 적절한 반면, 관찰자 B와 C의 상관은 $r=.288$, 관찰자 A와 C의 상관은 $r=.429$로 관찰자 간 신뢰도가 낮다.

② 범주변수를 사용한 관찰자 간 신뢰도

유아의 놀이 유형을 관찰한 후 결과를 비참여(0), 방관자(1), 혼자(2), 병행(3), 연합(4), 협동(5)으로 기록한 경우, 일치도나 Cohen의 kappa(κ)를 산출한다. 관찰자 A와 B의 일치도는 30%, $\kappa=.136$이고 관찰자 B와 C의 일치도는 20%, $\kappa=.036$으로 낮은 반면, 관찰자 A와 C의 일치도는 80%, $\kappa=.726$으로 관찰자 간 신뢰도는 적절하다.

〈Cohen의 Kappa 계수 연구 사례〉

녹화된 내용은 예비 연구의 절차와 동일한 방법으로 한 유아당 놀이와 일 상황 각각의 경우 시작단계 2분, 중간단계 2분, 마지막 단계 2분을 추출하여 각 상황당 총 6분을 전사본화한 뒤 분석하였다. 인지적 협력 구성 분석의 신뢰도를 위해 녹화된 테이프의 전사본을 2명의 평정자가 각각 분석하였다. 2명의 평정자는 모두 유아교육을 전공하고 대학원 석, 박사 과정 중에 있는 보조연구자들이었다. 분석자 간 신뢰도는 Cohen의 Kappa계수를 통해 검증해 본 결과, 참가자와 행동방식은 1.0이었으며 상호주관적 협력을 위한 기능은 .89, 언어적인 인지적 도약수준은 .72, 비언어적 인지적 도약 수준은 .75로 나타났다.

출처: 엄정애(2007).

〈관찰자 간 일치도 연구 사례〉

WPPSI-IV에 포함된 소검사 중 상식, 공통성, 어휘, 이해 검사는 채점자가 피검자의 반응을 기록하고, 지침서에 제시된 기준에 따라 채점자가 점수를 부여하기 때문에 채점자의 주관이 개입될 여지가 있다. 언어검사에 대한 채점기준이 채점자 간 일관성을 유지하는지를 검토하기 위해 훈련받은 2명의 채점자가 46명 아동의 소검사 결과를 독립적으로 채점하여 채점자 간 일치도와 소검사 평균에 대한 상관계수를 산출하였다. 각 소검사 반응에 대한 채점자 간 일치도는 상식 100%, 공통성 99%, 어휘 99%, 이해 99% 일치하는 것으로 나타났으며, Pearson 상관분석을 실시한 결과, 상식 1.0, 공통성 .997, 어휘 .998, 이해 .999로 나타났다. 이는 채점자들 간의 채점기준에 일관성이 있음을 보여 주는 결과이다.

출처: 이경옥, 박혜원, 이상희(2015).

6) 신뢰도에 영향을 미치는 요소

(1) 측정도구의 유형

신뢰도는 측정도구를 구성하고 있는 문항이나 측정도구의 특성에 많은 영향을 받는다. 하나의 특성을 여러 문항으로 측정하고자 할 때 측정도구를 구성하는 문항이 동질할수록 신뢰도는 증가한다. 그러나 서로 다른 능력이나 속성을 하나의 측정도구로 측정할 경우 내적일관성을 유지하기 어렵다. 심리검사와 달리 각기 다른 능력을 측정하는 문항으로 구성된 성취도 검사의 경우, 신뢰도가 낮아지게 된다. 신뢰도와 함께 내용타당도를 검토하여 문항 혹은 측정도구의 적절성을 판단한다. 따라서 각 문항이 동일한 개념을 측정하는지를 확인한 후 신뢰도를 산출한다.

(2) 문항 수

신뢰도는 측정도구를 구성하는 문항 수의 영향을 받는다. 일반적으로 문항 수가 많으면 많을수록 측정도구의 측정오차는 감소하고 신뢰도는 높아진다. 그러나 문항 수가 지나치게 많으면, 응답자의 피로도로 인해 신뢰도에 부정적인 영향을 미칠 수 있다. 문항 수가 적을 경우, 신뢰도가 다소 낮아질 수 있다.

(3) 검사결과의 편차

동질적인 집단보다 이질적인 집단으로부터 추출된 표본으로 산출된 신뢰도가 높아진다. 일반적으로 개인차가 두드러지게 나타나는 문항으로 구성하면 측정도구의 신뢰도가 높아진다.

(4) 문항난이도

측정도구의 신뢰도를 확보하려면 문항난이도가 적절해야 한다. 문항난이도가 지나치게 높거나 낮으면 신뢰도가 낮아진다. 또한 적절한 난이도로 구성된 측정도구는 측정대상 아동이 불안해하거나 부주의하게 반응하는 것을 방지하여 최적의 반응을 끌어낼 수 있다.

(5) 문항선택지

일반적으로 측정도구의 신뢰도는 각 문항의 선택지가 5~7개 정도가 적절하다. 아동의 경우, 선택지가 많으면 적절히 응답하기 어려우므로 아동의 연령을 고려하여 선택지를 조정한다. 어린 유아의 경우, 유아가 응답하기 좋은 그림자료를 활용하거나 단계별로 응답을 할 수 있도록 한다. 예를 들면, 얼굴표정이나 피자 모양의 원그래프를 활용하여 선택지를 구성하거나 두 단계로 질문을 구성하여, '예'

와 '아니오'로 먼저 응답하게 한 후, 다음 단계로 '아주 많이'와 '조금 많이'를 선택하게 하면 아동의 반응을 적절히 이끌어 낼 수 있다.

(6) 관찰자 특성

관찰자 간 신뢰도는 관찰자의 편견이나 관찰자 간 관점의 차이에 영향을 받는다. 특히 관찰자의 태도는 관찰과정 및 결과에 영향을 미칠 수 있으므로 주의한다. 관찰자 간 신뢰도를 높이기 위해서는 관찰자의 태도나 관찰기록에 대한 관찰자 훈련이 매우 중요하다.

4. SPSS 신뢰도분석 사례

1) 반분신뢰도

(1) SPSS 명령문과 메뉴 활용법

• 분석 ⇨ 척도분석 ⇨ 신뢰도 분석 … 측정변수 선택 ▶ 모형 … 반분선택 ▶ 통계량 ▶ 기술통계량 … 항목, 척도, 항목제거 시 척도 선택 ▶ 요약값 … 평균, 분산 선택

```
rel var=i1 to i10
   /model=split
   /scale(total)=i1 i3 i5 i7 i9 i2 i4 i6 i8 i10
   /stat=desc scale.
```

(2) SPSS 반분신뢰도분석 사례

① 정서적 상호작용 반분신뢰도 산출

```
reliability var=i1 i8 i15 i19 i26 i6 i10 i17 i24 i28
  /model=split
  /scale(inter1)=all
  /stat=desc scale.
```

신뢰도 분석

척도: inter1

신뢰도 통계량

Cronbach의 알파	파트 1	값	.855
		항목 수	5[a]
	파트 2	값	.880
		항목 수	5[b]
	전체 항목 수		10
문항 간 상관관계			.881
Spearman-Brown 계수	같은 길이		.937
	다른 길이		.937
Guttman 반분계수			.937

… Spearman-Brown의 반분신뢰도

a. 항목: i1, i8, i15, i19, i26.
b. 항목: i6, i10, i17, i24, i28.

② 언어적 상호작용 반분신뢰도 산출

```
reliability var=i2 i9 i13 i20 i27 i4 i11 i18 i22 i29
  /model=split
  /scale(inter2)=all
  /stat=desc scale.
```

신뢰도 분석

척도: inter2

신뢰도 통계량

Cronbach의 알파	파트 1	값	.858
		항목 수	5[a]
	파트 2	값	.795
		항목 수	5[b]
	전체 항목 수		10
문항 간 상관관계			.852
Spearman-Brown 계수	같은 길이		.920
	다른 길이		.920
Guttman 반분계수			.920

a. 항목: i2, i9, i13, i20, i27.
b. 항목: i4, i11, i18, i22, i29.

③ 행동적 상호작용 반분신뢰도 산출

```
* 반분신뢰도 산출.
reliability var=i3 i7 i14 i21 i25 i5 i12 i16 i23 i30
   /model=split
   /scale(inter3)=all
   /stat=desc scale.
```

신뢰도 분석

척도: inter3

신뢰도 통계량

Cronbach의 알파	파트 1	값	.810
		항목 수	5[a]
	파트 2	값	.850
		항목 수	5[b]
	전체 항목 수		10
문항 간 상관관계			.795
Spearman-Brown 계수	같은 길이		.886
	다른 길이		.886
Guttman 반분계수			.886

a. 항목: i3, i7, i14, i21, i25.
b. 항목: i5, i12, i16, i23, i30.

(3) 반분신뢰도 분석결과 보고

〈Cohen의 Kappa 계수 연구 사례〉

교사-영유아 상호작용의 신뢰도는 기우법을 사용한 Spearman-Brown 반분신뢰도를 산출하여 검토하였으며 그 결과는 다음과 같다.

〈표 4-4〉 교사-영유아 상호작용의 반분신뢰도

하위척도	문항	문항수	반분신뢰도
정서적 상호작용	1, 6, 8, 10, 15, 17, 19, 24, 26, 28	10	.937
언어적 상호작용	2, 4, 9, 11, 13, 18, 20, 22, 27, 29	10	.920
행동적 상호작용	3, 5, 7, 12, 14, 16, 21, 23, 25, 30	10	.886

2) 내적합치도

(1) SPSS 명령문과 메뉴 활용법

• 분석 ⇨ 척도분석 ⇨ 신뢰도 분석 … 측정변수 선택 ▶ 통계량 ▶ 기술통계량 … 항목, 척도, 항목제거 시 척도 선택 ▶ 요약값 … 평균, 분산 선택

```
rel var=i1 to i10
   /scale(f1)=all
   /statistics=desc scale
   /summary=all.
```

(2) SPSS 내적합치도 분석결과

```
reliability var=v1 to v17
   /scale(eff1)=all
   /stat=desc scale
   /summary=all.
```

신뢰도 분석

척도: eff1

신뢰도 통계량

Cronbach의 알파	표준화된 항목의 Cronbach의 알파	항목 수
.958	.959	17

… Cronbach 알파값 확인

항목 총계 통계량

	항목이 삭제된 경우 척도 평균	항목이 삭제된 경우 척도 분산	수정된 항목-전체 상관계수	제곱 다중 상관계수	항목이 삭제된 경우 Cronbach 알파
v1	65.24	92.990	.787	.761	.955
v2	65.34	92.050	.707	.623	.957
v3	65.22	93.074	.779	.728	.955
v4	65.35	91.004	.771	.774	.955
v5	65.21	93.231	.762	.686	.956
v6	65.20	92.790	.819	.776	.955
v7	65.30	92.758	.752	.689	.956
v8	65.31	90.378	.818	.775	.954
v9	65.42	92.390	.740	.706	.956
v10	65.48	91.687	.726	.747	.956
v11	65.26	92.293	.778	.746	.955
v12	65.36	92.877	.730	.683	.956
v13	65.29	92.207	.753	.703	.956
v14	65.17	92.657	.736	.762	.956
v15	65.15	93.743	.707	.642	.956
v16	65.16	93.861	.668	.622	.957
v17	65.18	94.162	.615	.668	.958

… 항목-전체 상관계수와 항목이 삭제된 Cronbach 알파를 확인하여 각 문항의 적절성 검토

(3) 내적합치도 분석결과 보고

교수효능감 하위척도의 내적합치도를 산출한 결과, 항목-전체상관은 모두 적절하였으며($r>.3$) 다음과 같이 모두 우수하였다.

〈표 4-5〉 교수효능감 척도의 신뢰도 분석결과

하위척도	문항	문항수	문항 전체 상관	α
환경구성 및 일과운영	1-17	17	.615~.819	.958
생활지도	18-31	14	.633~.816	.947
교수-학습 방법	32-50	19	.624~.811	.966
전체	1-30	50	.585~.812	.982

3) 관찰자 간 신뢰도

(1) SPSS 명령문과 메뉴 활용법

- 분석 ⇨ 기술통계량 ⇨ 교차분석 … 변수(관찰자1과 관찰자2) 선택 … 통계량 버튼 선택 … 카파(κ) 선택 … 계속 선택 … 확인 선택

[연속변수의 관찰자간 신뢰도]

```
corr var=관찰자1의 평정 관찰자2의 평정.
```

[범주변수의 관찰자간 신뢰도]

```
crosstab tables=관찰자1의 평정 관찰자2의 평정
   /statistics=kappa.
```

(2) SPSS 관찰자 간 신뢰도분석 사례

① 연속변수를 위한 관찰자 간 신뢰도

```
corr var=obs1 to obs3.
```

상관관계

		obs1	obs2	obs3
obs1	Pearson 상관	1	.948	.429
	유의확률 (양측)		.000	.216
	N	10	10	10
obs2	Pearson 상관	.948	1	.288
	유의확률 (양측)	.000		.419
	N	10	10	10
obs3	Pearson 상관	.429	.288	1
	유의확률 (양측)	.216	.419	
	N	10	10	10

… 연속변수의 경우 상관관계 계수로 관찰자 간 신뢰도 산출

② 범주변수를 위한 관찰자 간 신뢰도

```
crosstab tables=obs1 by obs2
  /stat=kappa.
```

대칭적 측도

		값	근사 표준오차[a]	근사 T 값[b]	근사 유의확률
일치 측도	카파	.136	.168	.980	.327
유효 케이스 수		10			

a. 영가설을 가정하지 않음
b. 영가설을 가정하는 점근 표준오차 사용

… 범주변수의 경우 Kappa값으로 관찰자 간 신뢰도 산출

```
crosstab tables=obs1 by obs3
  /stat=kappa.
```

대칭적 측도

		값	근사 표준오차[a]	근사 T 값[b]	근사 유의확률
일치 측도	카파	.726	.172	3.919	.000
유효 케이스 수		10			

a. 영가설을 가정하지 않음
b. 영가설을 가정하는 점근 표준오차 사용

(7) 관찰자 간 신뢰도 분석결과 보고

① 연속변수의 관찰자 간 신뢰도 보고

관찰자 1과 2 간의 관찰자 간 신뢰도는 .948로 우수하나 관찰자 1과 3(.429), 관찰자 2와 3(.288)의 관찰자 간 신뢰도는 부적절하다.

② 범주변수의 관찰자 간 신뢰도 보고

관찰자 1과 2의 관찰자 간 일치도는 κ=.136으로 부적합하나 관찰자 1과 3의 관찰자 간 일치도는 κ=.726으로 우수하다.

제5장 타당도

1. 타당도의 이해

1) 타당도란

타당도(validity)란 측정도구를 통해 측정하고자 하는 것을 정확하게 측정하는 정도를 나타낸다. 타당도는 측정변수의 조작적 정의가 적절한지와 관련이 있다. 즉, 변수의 조작적 정의가 변수의 실제적인 이론적 의미를 어느 정도 반영하는지, 측정하고자 하는 구성개념의 구성요소를 적절히 포함하는지, 각 문항이 측정하고자 하는 구성개념을 측정하고 있는지를 평가한다.

예를 들면, 유아의 발달 수준을 측정하기 위한 유아발달 검사도구가 있다면, 유아발달과 관련한 이론을 적절히 반영하고 있는지, 유아의 발달을 파악하기 위한 발달영역을 적절히 포함하고 있는지, 그리고 각 발달영역을 적절하게 측정하는 문항으로 구성되어 있는지 등을 검토한다. 일반적으로 타당도는 내용타당도, 준거타당도, 구성개념타당도(혹은 구성타당도)로 분류한다.

〈명명오류와 이론적 타당성〉

측정하고 있는 구성개념의 명명에 있어서 오류를 범하고 있는 경우를 명명오류(nominal fallacy)라고 한다. 예를 들어, 창의성을 측정하고자 하면서 그리기 능력을 측정한다면 이는 명명오류이다. 타당도를 검토할 때 이론적 타당성(nomothetic network)과 개념적 틀(conceptual framework)이 중요하다. 적절한 측정이 이루어지려면 명명하고자 하는 개념이 전체 이론에서 어떤 위치를 차지하는지 설명하고 해당 개념과 명칭의 정확성 및 유사 개념과의 관련한 이론적 중요성을 명확히 밝혀야 한다.

2) 타당도의 개념

측정값에서 측정오류를 제외한 진점수는 다시 구성개념을 정확하게 측정하는 부분(타당한 점수)과 구성개념이 아닌 다른 내용을 측정하고 있는 부분(타당하지 않은 점수)으로 나뉜다.

측정값 = 진점수 + 측정오차
= (타당한 점수 + 타당하지 않는 점수) + 오차점수

타당도는 측정오류를 제외한 진점수의 변량 중에서 타당한 점수의 변량을 의미한다.

측정값의 변량 = 진점수의 변량 + 오차의 변량
= (타당한 점수의 변량 + 타당하지 않는 점수의 변량) + 오차의 변량

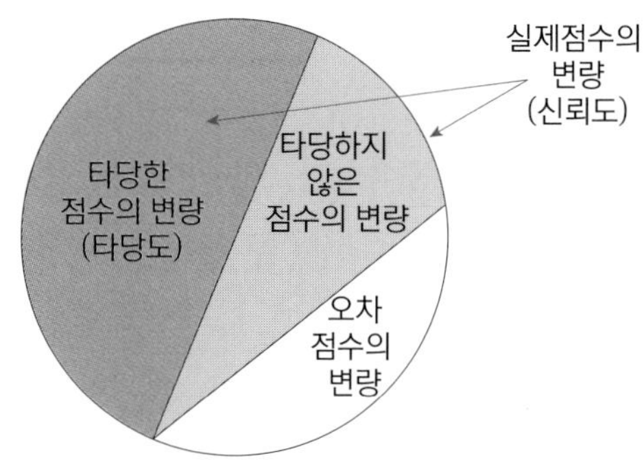

측정값 = 진점수 + 오차점수
= (타당한 점수 ▩ + 타당하지 않는 점수 ▨) + 오차점수 □

[그림 5-1] 측정값에서 타당한 점수의 변량

2. 타당도 종류

1) 내용타당도

내용타당도(content validity)란 논리적인 분석과정에 의한 주관적인 타당도이다. 측정도구의 내용이 측정하고자 하는 구성개념을 정확하게 측정하였는지를 전문가의 논리적 분석이나 경험적 절차에 의해 평가한다. 즉, 내용타당도는 측정도구가 측정대상인 심리적 특성이나 내용을 적절히 반영하는가를 나타낸다. 내용타당도와 다분히 혼동하여 사용되고 있는 **안면타당도**(face validity)는 측정도구에 포함된 문항이 측정하고자 하는 구성개념을 측정하는 것처럼 보이는 정도를 의미한다. 즉, 측정도구가 연구대상자에게 얼마나 친숙하게 보이는가를 주로 평가한다. 이와 같이 안면타당도의 개념은 문항의 친숙도에 기초한 것으로 측정도구 자체의 속성이 아닐 수 있으며, 학문적인 과학성이 결여되어 있다. 따라서 안면타당도란 용어를 사용하지 않을 것을 권장한다(성태제, 1996).

내용타당도를 검토하려면, 우선 측정하고자 하는 특성이나 능력의 내용영역을 명료화하고 내용영역을 하위영역별로 구분하여 정의한 뒤 측정도구의 내용이 내용영역의 특성을 잘 대표하는지를 분석한다. 내용타당도 분석은 전문가에 의한 체계적이고 정교한 내용분석(content analysis)을 통해 이루어진다. 내용분석이란 측정의 대상이 되는 속성을 포함하는 모든 자료를 체계적으로 분류하여 분석하는 과정이다. 내용분석은 내용의 분석대상 모집단(예: 사회과 교재 내용, 공격적 행동)을 정의하고 유목화하는 과정을 거친다. 분석대상을 유목화할 때, 분석단위는 단어, 주제, 속성 등의 다양한 방식을 사용한다. 예를 들어, 성취도검사에서 내용타당도를 확보하는 방법은 교육목표 분류표를 활용하고, 측정하고자 하는 내용을 적절히 포함하여 측정도구가 구성되었는지를 교과내용 전문가가 논리적으로 판단하여 내용타당도를 검토하는 것이다. 반면, 심리검사의 내용타당도는 이론적 근거에 기초하여 문항을 작성하고 주어진 이론과 관련한 전문가의 의견이 일치하는지를 검토한다.

그러나 내용타당도는 계량화된 방식을 사용하지 않고 전문가의 주관적인 판단에 의존하기 때문에 타당도의 정도를 적절히 표기하기 어렵다는 점이 단점으로 지적된다. 이러한 단점을 극복하고자 빈도표를 작성하거나 서열, 평정 등의 방법을 사용하여 체계적으로 자료를 제시하여 분석내용을 수량화한다. 전문가의 평가에 기초하여 내용타당도 비율(Content Validity Ratio: CVR)을 산출하는 방법이 많이 사용된다. CVR 산출공식은 다음과 같다.

$$CVR = \frac{N_e - \frac{N}{2}}{\frac{N}{2}}$$

N : 전체 사례 수

N_e : '타당하다'고 응답한 사례 수

CVR은 전체 사례수(N)와 타당하다고 응답한 사례수(N_e)에 따라 달라진다. 일반적으로 사례수가 클수록 기준값은 낮아진다. $N=5$이면 $CVR>.99$, $N=10$이면

$CVR>.62$, $N=15$이면 $CVR>.49$일 때 내용타당도가 확보된다고 본다(Lawshe, 1975). 예를 들면, 전문가 5명을 대상으로 내용타당도를 검토한 경우 전원이 타당하다고 응답해야 하며, 10명의 전문가를 대상으로 한 경우 적어도 9명 이상이 타당하다고 응답해야 내용타당도가 확보되었다고 본다. 15명의 전문가가 내용타당도를 검토할 경우 12명 이상이 타당하다고 응답해야 한다. 그러나 수량화된 내용타당도 분석보다는 전문가에 의한 체계적이고 정교한 내용분석(content analysis)이 더 중요하다.

〈내용타당도 사례〉

내용타당도는 유아교육 전문가들의 전문적 분석에 근거하여 검증하였다. 1차 내용타당도를 통해 문항의 내용 중복과 개념이 불확실한 6문항이 제거되었다. 1차 내용타당도 검증 후 재구성된 56개 문항으로 2차 내용타당도 검증을 실시하였다.

2차 전문가 검토는 각 문항의 타당성 여부를 Likert 5점 척도에 따라 1~5점을 평정하게 하였다. 본 연구에서는 5점 Likert척도를 사용하였기 때문에 4점과 5점에 응답한 전문가의 빈도를 타당한 응답으로 보았다. 내용타당도에 참여한 전문가가 12명이므로, CVR 값이 .56 이상일 때 문항은 내용타당도가 있다고 판단할 수 있다(Lawshe, 1975). 내용타당도 검증 결과, 연구자가 제시한 '유아교사 교수효능감 척도' 문항의 평균 범위는 3.76~4.91, 표준편차 범위는 .27~.95로 나타났다. 전문가 내용타당도 CVR 값은 대부분 .56(.65~1) 이상이었다. 이 중 CVR 값이 .56에 미치지 못하는 6개 문항을 삭제한 50문항을 선정하였다 1, 2차 내용타당도 결과에 기초한 문항은 유아교육과 교수 2명의 최종 검증을 거쳐 예비연구를 위한 '유아교사 교수효능감 척도'로 완성되었다.

출처: 이정미, 이경옥(2019).

2) 준거타당도

준거타당도(criterion-related validity)는 측정결과와 준거(검사를 통해서 파악하고자 하는 특성) 간의 관련 정도를 검토하는 방식으로, 준거와의 관련성이나 예측가능성을 통해 측정도구의 타당성을 확인한다. 준거타당도는 측정결과와 준거와의 상관관계를 통해 평가한다. 따라서 준거타당도는 **기존에 공인된 측정도구**가 준거로 존재할 경우에만 가능하다.

준거는 검사를 평가하는 기준으로 측정하고자 하는 대상의 특성이나 능력을 측정하는 기존에 공인된 측정도구이다. 타당성을 인정받고 있는 도구일 때 준거로서 충분한 자격을 지녔다고 본다. 기존에 공인된 측정도구, 즉 준거가 현재인지, 미래인지에 따라, **공인타당도**와 **예측타당도**로 구분한다.

(1) 예측타당도

예측타당도(predictive validity)는 측정결과가 미래의 어떤 행동이나 특성과의 관계로 추정되는 타당도이다. 즉, 측정결과가 미래의 행동을 얼마나 잘 예측하느냐를 나타낸다. 예측타당도는 측정결과와 관련이 있는 행동이나 특성을 일정 기간이 지난 후 측정하여 상관관계를 산출하여 검토한다. 예를 들어, 유아의 학습준비도 검사의 예측타당도는 학교에 입학한 후 학업성취도의 점수를 준거로 하여 학습준비도 검사와 학업성취도 검사 간의 상관으로 예측타당도를 검토한다.

〈예측타당도 사례〉

〈표 5-1〉 영아 교사관계와 초기적응과의 관계(N=53)

구분	갈등	친밀감	의존
정서상태	−.136	.199	.035
분리불안	.118	.016	.012
사회적 관계	−.223	.425**	−.102
관심과 탐색활동	.036	.325*	.068
일상생활	−.141	.476***	.201
총점	−.129	.420**	.060
평균	21.91	44.15	12.83
표준편차	7.87	6.87	3.51

*$p<.05$, **$p<.01$, ***$p<.001$

만 2세 반 영아 53명을 대상으로 영아–교사관계(정미조, 2008)를 살펴본 결과는 〈표 5–1〉과 같다. 영아–교사관계(정미조, 2008)의 하위요인인 친밀감($r=.420$, $p<.01$)에서 통계적으로 유의한 정적 상관을 나타내었다. 적응의 하위요인별로 살펴보면 영아–교사관계에서 친밀감은 사회적 관계($r=.425$, $p<.01$), 관심과 탐색활동 ($r=.325$, $p<.05$), 일상생활($r=.476$, $p<.001$)과 통계적으로 유의한 정적 상관을 보였다.

출처: 박성진, 이경옥(2019).

(2) 공인타당도

공인타당도(concurrent validity)는 측정결과와 준거자료를 동시에 수집하여 분석하는 것으로 측정결과가 준거자료와 공통적인 요인을 얼마나 측정하고 있는지를 평가하여 검토한다. 즉, 공인타당도는 측정결과와 타당성을 인정받은 기존의 검사점수 간의 상관을 통해 추정한다. 준거로 삼는 측정도구의 점수가 같은 시점에서 얻어지기 때문에 공인타당도라 한다. 예를 들어, 유아발달 간편체크리스트의 공인타당도는 기존의 공인된 유아발달검사를 준거로 하여 자료를 수집한 후, 간편체크리스트와 유아발달 검사의 결과에 대한 상관관계를 산출하여 검토한다.

〈공인타당도 사례〉

〈표 5–2〉 공인타당도 검증 결과(N=96)

	집단생활 적응	부정적 행동	긍정적 정서	규칙적 기본생활	활동성 흥미	또래 상호작용	총점
정서상태	.324**	.037	.589***	.415***	.482***	.453***	.616***
분리불안	.083	.064	.232*	.277**	.212*	.157	.271**
사회적 관계	.527***	−.134	.550***	.350***	.600***	.707***	.700***
관심과 탐색활동	.325**	−.057	.349***	.379***	.578***	.500***	.554***
일상생활	.590***	−.206*	.376***	.517***	.558***	.592***	.643***
적응전체	.489***	−.095	.518***	.478***	.596***	.612***	.694***
평균	3.11	1.81	3.32	3.28	3.36	3.11	2.94
표준편차	.73	.70	.66	.60	.58	.66	.38

*$p<.05$, **$p<.01$, ***$p<.001$

본 연구에서 개발된 '영아의 어린이집 초기적응 척도'와 신나리 등(2016)의 '교사용 영아 적응척도'와의 상관관계를 분석한 결과는 〈표 5-2〉과 같다. '영아의 어린이집 초기적응 척도'는 교사용 영아 어린이집 적응 척도(신나리 외, 2016)와 전반적으로 높은 상관을 보여($r=.69$, $p<.001$) 어린이집 초기적응이 기관적응과 밀접한 관련이 있음을 알 수 있다.

출처: 박성진, 이경옥(2019).

3) 구성타당도

구성타당도(construct validity)는 측정도구가 측정하려고 하는 구성개념을 적절하게 측정했는지에 관심이 있다. 측정하고자 하는 구성개념을 조작적으로 정의하고 이러한 조작적 정의에 따라 구성개념을 적절히 측정하였는지를 검토하는 것이다. 구성타당도를 검토하는 과정은 다양한 조건에서 측정대상인 구성개념의 이론적 배경을 만족하는 경험적 증거들을 축적하는 과정을 포함한다. 따라서 서로 다른 연구대상자 집단 간의 차이, 검사점수의 변화에 대한 증거, 외적 준거와의 상관에 대한 증거, 검사문제 해결과정에 대한 증거 등이 이론적 예측과 일치하는지를 검토하는 방식이 사용된다.

(1) 수렴타당도와 변별타당도

측정도구가 측정하고자 하는 구성개념을 적절히 측정하고 있는지를 확인하기 위하여, 해당 측정도구의 점수와 다른 측정도구의 점수 간의 상관관계를 이용하여 수렴타당도(convergent validity)와 변별타당도(discriminant validity)를 검토한다. 두 측정도구가 하나의 구성개념을 측정한다면 상관관계가 높을 것이고, 서로 다른 구성개념을 측정한다면 상관관계는 낮을 것이다. 하나의 구성개념을 측정하는 두 측정도구 간 높은 상관은 두 측정도구 간 수렴타당도가 존재한다는 증거이다. 반면, 상이한 구성개념을 측정하는 두 측정도구 간 낮은 상관은 두 측정도구 간 변별타당도를 나타내는 증거이다.

〈수렴타당도와 변별타당도 사례〉

〈표 5-3〉 Bandura(2006) 교사 자기효능감 척도와의 상관관계(N=227)

하위척도	가정연계 및 긍정적 학습환경	교수	지역기관 연계	의사결정 참여	전체
환경구성 및 일과운영	.69***	.69***	.50***	.67***	.73***
생활지도	.71***	.64***	.50***	.62***	.71***
교수-학습 방법	.76***	.77***	.56***	.72***	.80***
전체	.76***	.75***	.55***	.72***	.80***
M	3.82	3.49	3.18	3.55	3.60
SD	.63	.69	.88	.75	.63

***$p<.001$

유아교사 교수효능감 척도는 Bandura(2006)의 교사 자기효능감 척도 전체와 매우 높은 상관($r=.80$, $p<.001$)을 보이며, 각 하위척도의 상관(.50~.80)도 높았다. 특히 유아교사 교수효능감 척도 중 교수 · 학습방법 하위척도는 Bandura(2006)의 교사 자기효능감 척도의 교수와 가장 높은 상관($r=.77$, $p<.001$)을 보인다. 이러한 결과는 유아교사 교수효능감 척도가 유아교사의 교수활동에 초점을 두고 효능감을 측정하고 있음을 알 수 있다. 반면, Bandura(2006)의 지역기관 연계는 유아교사 교수효능감 척도 전체 및 각 영역과 가장 낮은 상관을 보인다. Bandura의 척도는 지역 종교단체, 영리 기관(기업체)들과 연계할 수 있는지를 묻는 문항 우리나라 유아교육 현장의 문화와 차이가 있는 문항으로, 우리나라 유아교사의 교수 관련 역할을 중심으로 구성된 유아교사 교수효능감 척도의 문항과 다른 특성을 측정하고 있음을 알 수 있다.

출처: 이정미, 이경옥(2019).

(2) 요인분석

요인분석(factor analysis)이란 여러 문항 혹은 측정변수들로 구성된 측정도구의 문항 혹은 변수 간의 상호관계를 분석하여, 서로 상관이 높은 변수를 모아 하나의 요인을 구성하고 그 요인에 의미를 부여하는 통계적 방법이다. 요인분석은 측정된 변수를 설명할 수 있는 몇 개의 요인으로 요약하고자 할 때 주로 사용된다. 요인분석은 모든 측정변수가 그에 수반되는 잠재적이고 가설적인 구성개념을 가지고 있다는 가정하에, 측정변수 간의 상관을 통해 요인들 간의 잠재적인 1차식 구조를 추출한다. 요인분석에서 추출된 요인을 통해 구성개념의 존재를 밝힐 수 있다.

요인분석에는 탐색적 요인분석(exploratory factor analysis)과 확인적 요인분석(confirmatory factor analysis)이 있다. **탐색적 요인분석**은 이론상으로 구조가 확립되어 있지 않거나 자료를 축소하고자 할 때 요인을 추출하는 방법이다. 반면, **확인적 요인분석**은 변수 간의 이론적 관계를 가설로 설정하고 측정변수와 잠재적 구성개념 간의 이론적 구조를 확인하는 방법이다. 최근 들어 구조방정식모형을 활용한 확인적 요인분석이 널리 수행된다. 탐색적 요인분석은 제6장에, 확인적 요인분석은 제8장에 자세히 기술하였다.

(3) 다특성-다방법

다특성-다방법(Mutiple-Trait Multiple-Method: MTMM)은 수렴타당도와 변별타당도에 기초하여 다수의 구성개념(특성)과 다수의 측정방법을 분석하는 기법이다. 다특성-다방법 행렬표는 구인타당도를 제시하는 방법의 하나로서 Campbell과 Fiske(1959)가 처음 제시하였다. 다특성-다방법은 두 개 이상의 구인에 대하여 각각 두 가지 이상의 방법으로 측정할 경우에, 각 검사점수 간의 상관계수가 나타내는 특성을 분석하여 주어진 상관관계 행렬이 구성개념의 이론적 특성을 얼마나 잘 반영하는지를 제시하는 방법이다. 즉, 다특성-다방법은 여러 가지 특성과 여러 가지 방법으로 측정한 후, **신뢰도**(reliability)에 해당하는 같은 특성과 같은 방법(same traits, same methods)은 가장 높은 상관관계를 보인다. 같은 특성과 다른 방법(same traits, different methods)은 **수렴타당도**(convergent validity)를 나타내며 신뢰도 다음으로 높은 상관을 보인다. 반면, 다른 특성과 같은 방법(different traits, same methods)은 다른 특성을 같은 방법으로 측정한 것으로 **방법의 효과**(method effect)를 나타낸다. 마지막으로 다른 특성과 다른 방법(different traits, different methods)

은 **변별타당도**(discriminant validity)를 의미하며 가장 낮은 상관관계를 보인다.

〈표 5-4〉 유아 자아개념에 대한 다특성-다방법 행렬

			부				모				교사			
			1	2	3	4	1	2	3	4	1	2	3	4
부	1	능력	.98											
	2	신체	.95	.96										
	3	가정	.96	.95	.98									
	4	사회	.94	.93	.94	.97								
모	1	능력	.83	.82	.83	.82	.98							
	2	신체	.80	.84	.82	.80	.96	.96						
	3	가정	.82	.82	.84	.80	.97	.94	.98					
	4	사회	.80	.81	.81	.84	.94	.92	.93	.96				
교사	1	능력	.47	.44	.46	.46	.49	.48	.48	.49	.96			
	2	신체	.35	.34	.35	.36	.37	.38	.36	.37	.85	.92		
	3	가정	.45	.41	.44	.40	.48	.46	.49	.48	.87	.85	.97	
	4	사회	.41	.38	.40	.42	.47	.44	.44	.48	.88	.86	.83	.95

* 검은색 대각선 부분: 신뢰도(reliability), 색 대각선 부분: 같은 특성 다른 방법, 음영처리 부분: 다른 특성 같은 방법, 나머지 부분: 다른 특성 다른 방법

출처: 김흔숙, 이경옥(2000).

제6장 탐색적 요인분석

1. 요인분석의 이해

요인분석에서는 모든 측정변수는 잠재적이고 가설적인 구성개념을 가지고 있다고 가정하고 측정변수 간의 상관관계를 기초로 요인을 추출하는 다변량분석 기법이다. 요인이란 여러 측정변수가 공통적으로 지닌 개념적 특성으로 잠재요인 혹은 구성개념을 의미한다. 요인분석을 통해 측정변수와 잠재적 요인 간 1차방정식을 추출하고 측정변수를 적절히 조합하는 방법을 찾아내 준다.

1) 탐색적 요인분석의 목적

(1) 자료의 축소

요인분석은 여러 개의 측정변수를 요약하여 이를 설명 가능한 적은 수의 요인(잠재변수)으로 자료의 수를 축소해 준다. 즉, 탐색적 요인분석은 많은 수의 측정자료를 분석하여 의미 있는 소수의 요인을 추출하는 통계적 방법이다. 측정변수 간 상관관계에 기초하여 서로 유사한 변수들끼리 묶어 공통요인으로 새로운 잠재변수(요인)를 구성하여 변수의 수를 축소하여 자료의 복잡성으로 인한 문제를 해결해 준다.

(2) 구성개념의 산출

요인분석은 모든 측정변수가 잠재적이고 가설적인 구성개념을 가지고 있다는 가정하에, 연구자가 수집한 자료, 즉 측정된 변수 간의 상관관계를 기초로 측정변수들이 잠재변수 혹은 이론적 변수로 묶이는지를 검토한다. 요인분석을 통해 측정변수에 내재한 요인(잠재변수)의 구조를 발견할 수 있으며, 동일 개념을 측정하는 변수가 하나의 요인으로 묶이는지를 확인하여 구성개념의 존재를 검토한다. 이러한 과정을 통해 이론에 근거한 요인을 확인할 수 있다. 요인분석은 단순한 자료의 요약과 축약을 넘어 자료가 지닌 내용적 특성에 기초한 구성개념의 존재를 검토하도록 도와준다.

내용적 특성에 기초하여 산출된 개념을 요인(factor)이라고 하며, 요인분석을 통해 추출된 요인으로 구성개념의 존재를 검토할 수 있다. 실제 측정변수를 요약하여 이론적 개념을 구성하는 요인을 이론변수 혹은 잠재변수(latent variable)라 한다. 요인분석은 구성개념의 존재를 파악할 수 있을 뿐만 아니라 요인(구성개념) 간의 관계를 확인하여 이론검증의 단계로 나아갈 수 있다.

2) 요인분석의 가정

(1) 정규성

요인분석을 통해 설명되는 잠재적 요인에 대한 통계적 추론을 위해서는 분석에 포함된 모든 측정변수의 선형조합이 정규분포를 이루어야 한다.

(2) 선형성

요인분석은 변수 간의 선형성을 가정하는 Pearson의 적률상관에 기초한다. 다변량 정규성은 모든 변수 간의 관계가 선형적임을 의미하기 때문에 정규성의 가정이 충족되면 선형성을 만족시킨다고 본다.

(3) 다중공선성과 요인가능성

요인분석은 변수 간의 상관을 기초로 분석되기 때문에 다중공선성은 큰 문제가 되지 않지만 지나치게 높은 다중공선성은 측정변수가 불필요하게 중복되었음을 의미한다. 요인분석에 포함된 측정변수의 상관을 검토하여 절반 이상이 ±.3 이상이어야 한다. 반대로 변수 간의 상관이 지나치게 높은 경우, 오히려 다중공선성의 문제가 발생한다. Bartlett의 구형성 검증 결과, $p<.05$이면 요인가능성이 있음을 의미한다. 그러나 변수와 사례수의 비율이 1:5 이상이면 대체로 유의한 결과를 얻게 되므로 요인가능성의 다른 지표를 함께 검토해야 한다. 표본의 적정성을 검토하는 KMO(Kaiser-Meyer-Olkin)는 요인에 의해 설명될 수 있는 자료 내에서의 변량의 양을 측정한다. KMO값이 .8 이상이면 높은 편, .7~.8이면 우수, .6~.7이면 적절하다고 판단하지만, .5 이하면 수용할 수 없다고 본다. 공통분이 1에 가깝거나 고유값이 0에 가까울 경우에도 다중공선성의 문제가 우려된다.

2. 요인분석의 과정

〈요인분석 절차〉

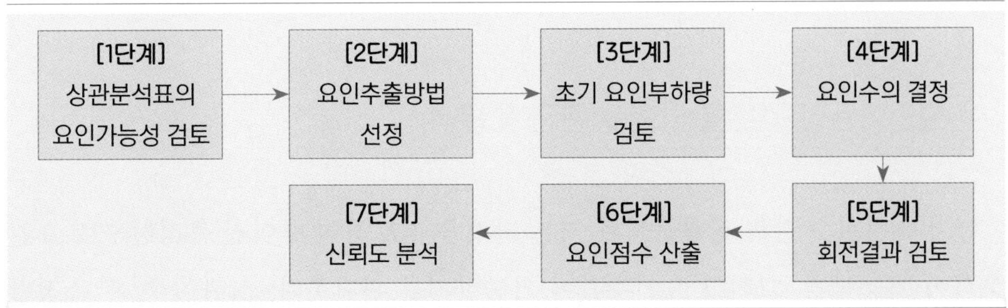

요인분석 사례는 Lawley와 Maxwell (1973)의 전형적인 요인분석 연구의 데이터를 활용하여 검토하였다. Maxwell과 Lawley의 연구에서 사용한 상관관계 행렬을 입력한 후 요인분석을 실시한 과정과 결과를 예시로 각 단계를 살펴보았다.

〈상관행렬을 데이터로 입력하여 요인분석 실시 사례〉

요인분석은 원자료를 사용할 수도 있고 상관행렬을 입력하여 분석할 수 있다.

```
matrix data variables=rowtype_ lan eng his ari alg geo.
begin data
n 220 220 220 220 220 220
corr 1
corr .44 1
corr .41 .35 1
corr .29 .35 .16 1
corr .33 .32 .19 .60 1
corr .35 .33 .18 .48 .46 1
end data.
factor matrix in(cor=*)
   /analysis=lan eng his ari alg geo
   /format=sort
   /print=initial extraction rotation repr fscore
   /criteria=mineingen(1)
   /plot=eigen rotation
   /extraction=pc
   /rotation=varimax
   /method=correlation.
```

1) 요인가능성 검토를 위한 상관관계 분석

먼저 측정변수 간의 상관분석과 기본 가정을 검토하여 주어진 측정변수로 요인분석이 가능한지, 그리고 요인추출이 가능한지를 판단한다. 상관이 높은 측정변수는 서로 수렴하여 하나의 요인을 구성할 수 있으므로 측정변수 간 상관관계를 분석하여 요인가능성을 검토한다. KMO가 .6 이상으로 측정변수 간의 상관이 적절함을 의미한다.

〈요인분석 절차〉

상관

	lan	eng	his	ari	alg	geo
lan	1					
eng	.44	1				
his	.41	.35	1			
ari	.29	.35	.16	1		
alg	.33	.32	.19	.60	1	
geo	.35	.33	.18	.48	.46	1

… 1. 요인가능성 검토

참조: 상관행렬은 Lawley & Maxwell(1973)을 사용함.

KMO와 Bartlett의 검정

표본 적절성의 Kaiser-Meyer-Olkin 측도		.780
Bartlett의 구형성 검정	근사 카이제곱	319.022
	자유도	15
	유의확률	.000

…
- KMO(Kaiser-Meyer-Olkin): >.6
- Bartlett의 구형성 검정: $p<.05$

2) 요인추출방법

요인을 추출하는 방법 중 가장 많이 사용되는 방법으로 주성분분석과 공통요인분석이 있고 그 밖에 일반화된 최소제곱법과 최대우도법 등이 있다.

(1) 주성분분석

주성분분석(principal component analysis)은 측정변수의 분산을 설명하기 위해 측정변수의 선형결합으로 주성분을 추출하는 방법이다. 주성분분석에서는 측정변수의 변량 중 공통분산과 고유분산을 모두 합한 전체 분산을 사용하여 요인을 추출하기 때문에 다른 요인추출방법보다 요인부하량이 크게 산출된다. 주성분분석을 사용하면 정보의 손실을 최소한으로 하면서 여러 측정변수에 존재하는 요인의 수를 가능한 한 최소화할 수 있다. 주성분분석은 많은 양의 자료를 단순화하고 요약 · 정리해 주어 자료를 축약할 때 좋은 방법이다. 따라서 자료축소가 목적이거나 측정변수들의 분산을 최대로 설명하는 것이 목적인 경우에 적절한 방법이다.

(2) 공통요인분석

공통요인분석(common factor analysis)은 측정변수 간 상관을 설명하는 공통요인을 추출하고, 추출된 공통요인의 분산에 기초하여 변수들 사이에 내재한 차원이나 요인을 찾는 방법이다. 공통요인분석은 여러 측정변수가 공통적으로 가지고 있는 의미 있는 구조(공통요인)를 추출하는 것을 목적으로 한다. 따라서 측정변수들을 통해 쉽게 파악되지 않는 잠재적 공통요인이나 차원을 추출하고자 할 때 적절한 방법이다. 변수 간의 상관에 대한 설명이나 잠재적 요인의 추출이 목적이라면 공통요인분석을 사용하는 것이 좋다. 공통요인분석은 주축분해법(principal axis factoring)을 사용하여 실시한다.

〈표 6-1〉 주성분분석과 공통요인분석의 비교

	주성분분석(직교회전)	공통요인분석
특징	• 초기 변량을 최대한 설명할 수 있는 최소한의 요인을 추출할 때 유용하다.	• 초기 변수를 통해 쉽게 파악되지 않는 잠재적 차원과 구성을 알고자 할 때 유용하다.
장점	• 단순하고 직접적인 값을 주며, 수렴하기 쉽고 정확하다. • 직교회전 시 반복계산의 수를 줄일 수 있다.	• 주성분분석보다 실제에 가깝다. • 측정오차를 포함하여 설명하고, 정확한 측정이 불가능할 때 적절히 사용될 수 있다.
단점	• 요인들이 서로 상관관계가 없다고 가정한다. • 측정변수들이 측정오류 없이 측정된다고 가정한다.	• 산출된 요인부하량의 해석이 어렵다. • 반복계산이 많아지거나 수렴하지 않아 결과가 산출되지 않을 수 있다.

(3) 기타 요인분석방법

주성분분석, 주축요인 분석방법 이외에도 일반화된 최소제곱법, 최대우도법, 이미지요인 추출법 등 다양한 요인추출방법이 있다. 일반화된 최소제곱법(generalized least squares method)과 최대우도법(maximum likelihood method)은 적합도 검증표가 산출되는데, 이 경우 수렴을 위한 반복계산(iteration)의 수를 증가시켜 주어야 한다. 일반화된 최소제곱법은 단위분산을 각 모수별로 추정하여 표본의 상관행렬과 요인으로부터 재산출된 상관행렬 간 차이의 제곱합이 최소화되도록 반복 계산하는 방법이다. 주성분분석과 마찬가지로 가장 높은 분산이 나오도록 요인을 축소해 준다. 반면, 최대우도법은 요인화된 변수가 표본대상에 따라 차이가 나는 것을 설명할 때 적합한 방법으로 표본수가 많을 때 우수한 분석결과를 제공해 준다.

3) 초기 요인부하량 검토

요인부하량(factor loading)은 측정변수와 요인 간의 상관관계를 나타낸다. 초기 요인부하량은 측정변수로 구성된 요인과 측정변수 간의 상관을 극대화하는 요인에 기초하여 산출된다. 즉, 요인부하량 산출을 위해 측정변수의 전체변량에서 설명되는 부분을 극대화하는 방식으로 측정변수와 요인 간의 상관을 산출해 준다.

(1) 공통분

공통분(communality)은 각 변수의 변량이 추출된 성분들에 의해 얼마나 설명되는지를 나타낸다. 측정변수의 공통분은 측정변수와 추출된 성분 간의 요인부하량의 제곱합으로 산출한다. 주성분분석에서 초기공통분(initial communality)은 모든 가능한 성분에 기초하여 산출되므로 항상 1.0이 된다. 추출공통분(extraction communality)은 요인추출 후 추출된 요인만 활용하여 공통분이 계산되기 때문에 추출공통분이 큰 측정변수가 성분들에 의해 잘 설명되는 변수이다. 추출공통분이 작은 측정변수는 분석에서 제외하는 것이 적절하다.

(2) 고유값

고유값(eigenvalue)은 각 성분이 전체 측정변수의 변량을 어느 정도 설명하고 있는지를 나타낸다. 고유값은 측정변수와 성분 간의 요인부하량의 제곱합으로 산출한다. 각 측정변수의 총변량을 1이라고 할 때, 고유값은 **추출된 각 성분에 포함된 변량**, 즉 하나의 성분이 설명하는 측정변수의 변량을 말한다. 예를 들어, 고유값이 1이라면, 해당 성분이 변수 하나의 변량에 해당하는 설명력을 가지고 있음을 의미한다. 초기고유값은 가능한 모든 성분에 대해 제시되며, 추출 성분의 수는 분석에 사용된 측정변수의 수와 같다. 따라서 모든 성분의 초기 고유값을 합하면 측정변수의 수와 같다.

일반적으로 요인분석결과, 고유값이 1 이상일 때 요인으로서의 자격을 갖는 것으로 본다. 추출고유값(추출 제곱합 적재량)은 주어진 기준에 의해 선택된 성분에 해당하는 고유값만 제시되며, 각 성분의 초기고유값과 같다. 고유값과 더불어 전체변량 중 해당 성분이 설명하는 변량의 백분율과 누적백분율이 제시된다.

(3) 초기성분행렬

초기성분행렬(initial component matrix)은 회전하기 전의 요인부하량(혹은 요인계수, factor loading)을 나타낸다. 요인부하량은 측정변수와 성분 간의 상관관계를 나타낸다. 일반적으로 요인부하량이 클수록 각 성분이 해당 측정변수에 의해 잘 측정됨을 의미한다. 측정변수로 채택할 수 있는 요인부하량의 기준은 표본의 수에 따라 다르지만, 보통 $N=200$일 때, .4 이상($N=300$일 때, .3 이상, $N=150$일 때, .45 이상)을 기준으로 한다. 그러나 초기 요인부하량은 다음과 같은 특성이 두드러지게 나타난다.

① 특정 성분이 모든 측정변수와 높은 상관을 갖는다(general factor).

② 측정변수의 일부는 부적 상관, 일부는 정적 상관을 보여 명명하기 어렵다(bipolar factor).

③ 각 측정변수가 두 성분 모두에 강한 요인부하량을 보여 해당 측정변수가 어떤 성분에 속한 것인지 판단하기 어렵다(variable complexity).

초기 요인부하량에 기초하여 어떤 측정변수가 어떤 성분에 높은 요인부하량을 가지는지를 파악하기가 쉽지 않다. 따라서 성분행렬을 회전하여 뚜렷한 요인부하량 패턴을 파악한다. 각 측정변수의 요인부하량의 제곱합[$\sum_i$(요인부하량)^2]을 구하면, 각 측정변수의 추출공통분이 되고, 각 성분의 요인부하량의 제곱합[$\sum_k$(요인부하량)^2]을 구하면 각 성분의 고유값이 된다.

공통성

	초기	추출
lan	1.000	.629
eng	1.000	.552
his	1.000	.693
ari	1.000	.729
alg	1.000	.696
geo	1.000	.581

추출 방법: 주성분분석.

⇒ 추출된 요인에 기초한 공통분

lan: $(.684)^2 + (.400)^2 = .629$
eng: $(.681)^2 + (.299)^2 = .552$
his: $(.510)^2 + (.658)^2 = .693$
alg: $(.737)^2 + (.390)^2 = .696$
ari: $(.734)^2 + (-.436)^2 = .729$
geo: $(.705)^2 + (-.291)^2 = .581$

설명된 총분산

성분	초기 고유값			추출 제곱합 적재량			회전 제곱합 적재량		
	전체	% 분산	누적 %	전체	% 분산	누적 %	전체	% 분산	누적 %
1	2.770	46.169	46.169	2.770	46.169	46.169	2.109	35.145	35.145
2	1.110	18.498	64.667	1.110	18.498	64.667	1.771	29.523	64.667
3	.616	10.266	74.933						
4	.587	9.780	84.713						
5	.527	8.776	93.489						
6	.391	6.511	100.000						

추출 방법: 주성분분석.

성분행렬[a]

	성분	
	1	2
alg	.737	−.390
ari	.734	−.436
geo	.705	−.291
lan	.684	.400
eng	.681	.299
his	.510	.658

추출 방법: 주성분분석.
a. 추출된 2 성분

2. 초기 요인부하량 검토
F_1: $(.737)^2+(.734)^2+(.705)^2+(.684)^2+(.681)^2+(.510)^2$
$=2.770$
F_2: $(-.390)^2+(-.436)^2+(-.291)^2+(.400)^2+(.299)^2+(.658)^2$
$=1.110$
⇒ 초기 성분행렬: 소속 성분을 파악하기 어려움

(4) 재연된 상관/잔차 행렬

두 변수 간의 원 상관행렬은 공통요인에 의해 설명되는 부분과 공통요인에 의해 설명되지 않는 독자적인 부분으로 나뉜다. 재연된 상관/잔차 행렬에서 대각선에는 공통분이 제시되며, 재연된 상관은 대각선의 위쪽, 잔차는 아래쪽에 제시된다. **재연된 상관**(reproduced correlation) **혹은 축소된 상관**(reduced correlation)은 요인분석을 통해 측정변수의 공통 속성에 해당하는 추출 성분에 기초한 상관관계이다. 재연된 상관은 공통요인이 추출된 후 두 측정변수 간의 상관을 나타낸다. 잔차(residuals)는 측정변수 간 상관과 추출 성분에 의해 재연된 상관 간의 차이를 나타낸다. 일반적으로 재연된 상관은 두 측정변수 간의 상관계수보다 크기 때문에 음(−)의 값을 가진다. 전체적인 잔차 행렬을 통해 요인추출 가능성을 검토할 수 있다. 즉, 전체적으로 잔차가 작을수록 요인을 추출할 가능성이 높다.

재연된 상관계수

		lan	eng	his	ari	alg	geo
재연된 상관계수	lan	.629[a]	.585	.613	.327	.348	.366
	eng	.585	.552[a]	.544	.369	.385	.393
	his	.613	.544	.693[a]	.087	.119	.168
	ari	.327	.369	.087	.729[a]	.711	.644
	alg	.348	.385	.119	.711	.696[a]	.633
	geo	.366	.393	.168	.644	.633	.581[a]
잔차[b]	lan		−.145	−.203	−.037	−.018	−.016
	eng	−.145		−.194	−.019	−065	−.063
	his	−.203	−.194		.073	.071	.012
	ari	−.037	−.019	.073		−.111	−.164
	alg	−.018	−.065	.071	−.111		−.173
	geo	−.016	−.063	.012	−.164	−.173	

• 재연된 상관
$r_{lan,\ his}$=(.684)(.681)+(.400)(.299)=.613
$r_{alg.ari}$=(.737)(.734)+(−.399)(−.436)=.711

• 잔차=상관−재연된 상관
$Res_{lan,\ his}$=.41−.613=−.203
$Res_{alg,\ ari}$=.600−.711=−.111

추출 방법: 주성분분석.

a. 재연된 공통성

b. 관측된 상관계수와 재연된 상관계수 간의 잔차가 계산되었습니다. 절대값이 0.05보다 큰 10(66.0%) 비중복 잔차가 있습니다.

4) 요인수의 결정기준

(1) 고유값

요인수를 결정하는 데 가장 많이 사용되는 기준은 고유값이다. 일반적으로 Kaiser(1960)가 제시한 방식을 사용하여 고유값이 1.0 이상인 성분을 요인으로 추출한다. 고유값 1.0은 측정변수 하나의 변량과 같은 크기이다. 즉, 적어도 하나의 측정변수의 변량 정도는 설명할 수 있는 성분이 요인으로서의 가치가 있다고 본다. 그러나 공통요인분석에서는 공통분이 1.0보다 작아지기 때문에 고유값 1.0이라는 기준은 적합하지 않다.

(2) 설명된 총분산

총분산은 측정변수의 개수와 일치한다. 예를 들어, 10개의 측정변수가 포함된 경우 총분산은 10이 된다. 설명된 총분산은 총분산에서 각 성분이 설명되는 분산이 큰 순서대로 추출되며, 추출된 요인의 누적분산이 60% 이상이면 적절하다. 일부 연구에서는 75%를 요구하기도 한다(Gorsuch, 1983).

(3) 스크리 검사

Cattell(1966)이 제안한 스크리 검사(scree test)는 x축에 성분의 수를, y축에 고유값을 표시한 스크리 도표(scree plot)에 기초하여 평가한다. 스크리 도표에서 성분의 수가 증가하면 고유값의 곡선의 기울기가 급경사를 이루다가 완만한 경사를 이루게 되는데 이러한 변화가 발생하는 지점에서 요인의 수를 결정한다. 스크리 검사는 초기에 고려되는 모든 성분의 고유값 변화 양상을 검토할 때 유용하며 고유값을 사용한 요인수 결정방식의 대안으로 사용된다.

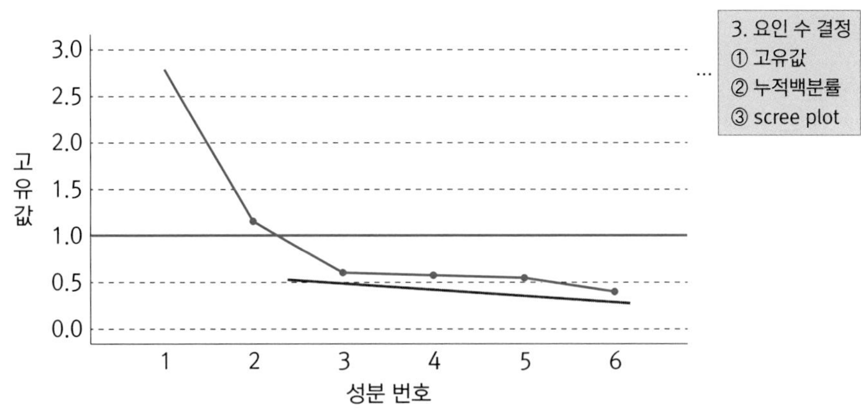

(4) 이론적 근거

앞서 제시한 방법 이외에 연구자가 이론적 근거에 의하여 측정변수로 추출 가능한 요인수를 정할 수 있다. 실제로 측정변수가 적절히 구성되었다면, 연구자가 설명 가능한 요인수와 요인분석 결과로 얻은 요인수는 크게 차이가 나지 않을 것이다. 이론적으로 설명 가능한 요인수에서 크게 벗어나지 않는 선에서 요인수를 지정하여 요인분석을 수행한다.

(5) 요인수의 결정

요인수의 결정은 앞서 설명한 여러 가지 방법을 시도하여 요인구조를 설명할 수 있는 가장 적절한 요인수가 무엇인지를 판단한다. 실제로 초기 분석에서는 주성분분석을 실시한 후, 고유값과 스크리 검사에 기초하여 주성분의 수를 파악한 후, 요인구조와 요인부하량을 검토하여 연구자가 의도한 이론적 요인구조와 가장 적합한 요인수가 무엇인지를 판단한다.

5) 회전

(1) 회전 방법

회전(rotation)은 단순구조를 얻기 위한 과정으로, 측정변수가 가능한 하나의 요인에만 부하되도록 도와준다. 회전을 통해 요인이 결정될 때까지 여러 번의 반복추정(iteration)의 과정을 거쳐 최적의 요인구조로 수렴되도록 한다. 실제로 무수히 많은 종류의 회전이 가능하다. 회전은 크게 직각회전(orthogonal rotation)과 사각회전(oblique rotation)으로 나뉜다.

① 직각회전

직각회전(orthogonal rotation)은 요인들 간의 상관이 0으로, 서로 독립적이라고 가정하고 요인구조를 추출한다. 실제로 무수히 많은 회전이 가능하다. 직각회전 방법으로 varimax, quartimax, equamax 등이 있다.

- varimax: 요인부하량의 제곱합을 극대화하는 방법으로, 요인구조를 단순화한

방법이며 요인구조의 해석이 용이하다. 가장 많이 사용되는 방법으로 각 요인의 특성을 알고자 할 때 적절하다.

- quartimax: 변수의 분산을 극대화하는 방법으로, 일반요인의 존재를 잘 드러나도록 해 주어 일반요인의 존재를 확인하는 데 유용하다.
- equamax: varimax와 quartimax를 절충한 방법으로, 해석이 용이하지 않아 많이 사용되지 않는다.

② 사각회전

사각회전(oblique rotation)은 요인 간의 상관을 가정한 상태에서 요인구조를 추출한다. 실제 모든 구성개념은 서로 어느 정도 상관이 있으므로, 사각회전은 실제 자료에 가장 부합하는 방법이다. 사각회전 방법 중 가장 대표적인 방법은 direct oblimin(oblique)으로, 이론적으로 의미 있는 구조를 찾는 데 유용하다. promax는 빠른 계산이 가능하여 대규모 자료를 분석하는 데 유용하다. oblimin에서는 delta(δ)값으로 사각의 정도를 정해 준다. 사각회전을 통해 단순구조를 획득할 때, 무수히 많은 사각회전의 방법이 존재할 수 있다. 요인을 단순화하기 위해 δ 값을 지정해야 한다. 일반적으로 사각이 최대가 되게 하려면 $\delta=0$로 설정하고, 변수 간의 상관이 극대화하려면 $\delta=.8$ 정도로 설정한다.

(2) 회전된 요인행렬

직각회전은 회전된 성분행렬을 산출하고 사각회전은 패턴행렬과 구조행렬을 산출해 준다.

① 회전된 성분행렬

직각회전 후 얻어지는 **회전된 성분행렬**(rotated component matrix)은 회전 후의 요인부하량을 제시해 주며, 초기 성분행렬에서 명확하지 않은 요인구조를 단순구조로 전환해 준다. 따라서 높은 요인부하량을 가지는 성분을 쉽게 파악할 수 있다.

② 패턴행렬

패턴행렬(pattern matrix)의 요인부하량은 회귀계수와 같은 개념으로, 각 측정변수의 분산에 대한 각 성분의 독자적 기여(unique contribution)를 나타낸다. 측정변수의 소속 성분을 쉽게 파악하게 도와주어 각 성분의 요인명 산출에 유용하다.

③ 구조행렬

구조행렬(structure matrix)의 요인부하량은 측정변수와 성분 간의 상관계수와 같은 개념으로, 각 측정변수의 분산에 대한 각 성분의 설명량을 나타낸다.

(3) 요인부하량의 해석 및 요인명 선정

회전된 요인행렬은 요인구조를 쉽게 파악할 수 있도록 도와준다. 패턴행렬은 구조행렬보다 단순한 결과를 제공해 주어 요인구조와 요인부하량의 해석에 용이하다. 우선 각 성분을 구성하는 측정변수의 특성에 부합하는 요인명을 선정하는데 각 성분에 높은 요인부하량을 측정변수를 중심으로 적절성 여부를 검토하여 요인명을 결정한다. 다음으로 요인별로 해당 측정변수의 요인부하량을 검토한다. 일반적으로 요인부하량이 .4를 넘으면 적합하다고 본다. 이때 주의할 점은 요인부하량에만 의존하지 말고 각 측정변수가 추출된 성분에 잘 부합하는지를 평가한다.

(4) 요인 간 상관관계

직각회전을 실시하면 요인변환행렬(factor transformed matrix)을 얻으며, 사각회전을 실시하면 성분상관행렬(component correlation matrix)을 얻을 수 있다. 사각회전에서는 요인 간 상관을 허용하면서 회전을 수행하게 되는데 성분상관행렬은 회전 수행에 필요한 요인변환행렬이다.

회전된 성분행렬[a]

	성분	
	1	2
ari	.845	.125
alg	.818	.162
geo	.730	.219
his	−.020	.832
lan	.278	.742
eng	.339	.661

추출 방법: 주성분분석.
회전 방법: 카이저 정규화가 있는 베리멕스.
a. 3 반복계산에서 요인회전이 수렴되었습니다.

4. 회전 후 요인부하량 검토
⇒ 요인구조를 단순구조로 전환

성분 변환행렬

성분	1	2
1	.776	.631
2	−.631	.776

추출 방법: 주성분분석.
회전 방법: 카이저 정규화가 있는 베리멕스.

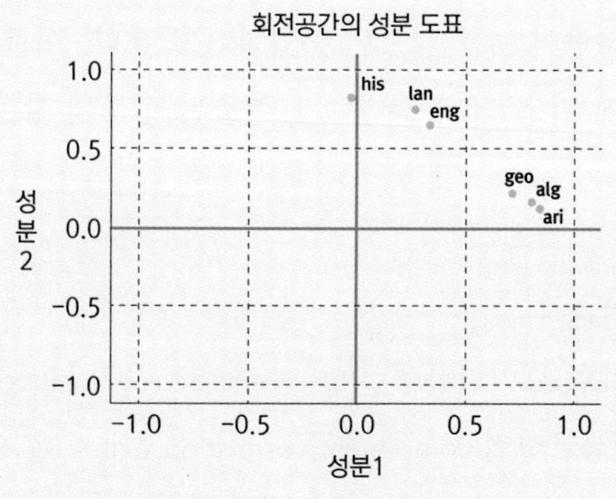

※ 다음과 같은 명령문을 사용하여 사각회전을 하면 아래와 같은 패턴행렬과 구조행렬을 얻을 수 있다.

```
factor matrix in(cor=*)
  /analysis=lan eng his ari alg geo
  /format=sort
  /print=initial extraction rotation repr fscore
  /criteria=mineingen(1) delta(0)
  /plot=rotation
  /extraction=pc
  /rotation=oblim
  /method=correlation.
```

패턴 행렬[a]

	성분	
	1	2
ari	.869	−.043
alg	.833	.003
geo	.729	.081
his	−.186	.883
lan	.146	.727
eng	.228	.628

… ⇒ 회귀계수와 유사한 요인부하량

추출 방법: 주성분분석.

회전 방법: 카이저 정규화가 있는 오블리민.[a]

a. 5 반복계산에서 요인회전이 수렴되었습니다.

구조행렬

	성분	
	1	2
ari	.853	.279
alg	.834	.311
geo	.759	.350
his	.141	.814
lan	.415	.781
eng	.460	.713

… ⇒ 상관계수와 유사한 요인부하량

추출 방법: 주성분분석.

회전 방법: 카이저 정규화가 있는 오블리민.

성분 상관행렬

성분	1	2
1	1.000	.370
2	.370	1.000

… ⇒ 요인 간 상관

추출 방법: 주성분분석.
회전 방법: 카이저 정규화가 있는 오블리민.

6) 요인점수의 산출

요인점수(factor score)는 요인점수계수행렬(factor score coefficient matrix)을 사용하여 산출한다. 요인점수계수행렬을 사용하면 요인점수를 산출할 때 측정변수에 가중치를 부여하여 각 측정변수의 기여도를 정확하게 고려할 수 있다. 그러나 일반적으로 각 요인에 높은 요인부하량을 갖는 측정변수를 선택한 후, 측정변수의 단순 합산점수를 산출해 요인점수를 산출하는 방법이 더 선호된다.

성분점수 계수행렬

	성분	
	1	2
lan	−.036	.436
eng	.021	.364
his	−.231	.576
ari	.454	−.138
alg	.428	−.105
geo	.363	−.043

추출 방법: 주성분분석.
회전 방법: 카이저 정규화가 있는 베리멕스.

…

5. 요인점수 산출방법
① F1=ari+alg+geo
F2=lan+eng+his
② F1=.454×ari+.428×alg+.363×geo
F2=.436×lan+.364×eng+.576×his
③ F1=(−.036)×lan+.021×eng+(−.231)×his
+.454×ari+.428×alg+.363×geo
F2=.436×lan+.364×eng+.576×his
+(−.138)×ari+(−.105)×alg+(−.043)×geo

성분점수 공분산 행렬

성분	1	2
1	1.000	.000
2	.000	1.000

추출 방법: 주성분분석.
회전 방법: 카이저 정규화가 있는 베리멕스.

요인점수를 산출한 다음, 신뢰도를 검토한다. 각 요인을 구성하고 있는 측정변수가 일관성 있는 결과를 나타내는지를 확인해 주는 과정으로 요인분석에 기초한 요인점수를 산출해 준다.

7) 주의사항

(1) 표본의 크기

요인분석을 위해서는 충분한 표본의 크기가 요구된다. 보통 100~200명의 사례를 요구하지만, 문항 수가 많으면 표본수도 커져야 한다. 표본수는 측정변수의 10배 이상을 요구하기도 하지만 적어도 4~5배가 되어야 한다. 예를 들어, 30문항으로 구성된 측정도구를 개발하고자 한다면, 적어도 150에서 300 정도의 표본을 확보하는 것이 권장된다.

(2) 측정변수의 수

각 요인은 5개 이상의 측정변수로 구성되는 것이 적절하다. 그러나 측정변수의 수도 중요하지만, 이론적으로 요인구조에 중요한 측정변수를 포함하여 요인을 추출하는 것이 더 중요하다.

(3) 요인분석의 선택사항

요인분석을 수행하기 위해서는 연구자는 연구목적이나 데이터의 성격에 요인

추출방법, 요인수의 결정기준, 회전방법, 요인점수 산출방법을 결정하여야 한다. 가장 쉬운 방법은 ① 주성분분석, ② 직각회전(varimax), ③ 고유값에 의한 요인수 결정, ④ 단순요인점수 산출을 선택하는 것이고, 복잡하지만 실제 특성을 잘 반영한 방법은 ① 공통요인분석, ② 사각회전, ③ 다면적 방법에 의한 요인수 결정, ④ 요인점수계수행렬에 기초한 요인점수 산출을 선택하는 것이다.

(4) 요인분석 결과의 보고

요인분석 결과를 보고할 때는 측정변수 간의 상관관계, 표본의 크기, 분석방법, 회전방법, 요인수 결정 방법, 고유치, 설명분산, 최종요인행렬, 요인 간 상관행렬, 요인점수 산출방법 등을 보고한다.

(5) 탐색적 요인분석의 제한점

탐색적 요인분석은 무수히 많은 가능성으로부터 얻어진 산출물이다. 수집된 자료의 요인구조에 대한 이론을 도출하는 과정에서 발생할 수 있는 문제를 고려해야 한다. 일반적으로 교차타당도분석을 실시하거나 탐색적 요인분석과 더불어 확인적 요인분석을 통해 이러한 문제점을 보완할 수 있다. 탐색적 요인분석을 통해 새로운 구성개념을 발견할 수 있지만 반드시 후속 연구를 통해 구성개념의 이론적 근거를 구체화할 필요가 있다. 또는 가설적 요인의 존재와 요인구조를 평가하기 위한 확인적 요인분석(Confirmatory Factor Analysis: CFA)을 병행할 필요가 있다.

탐색적 요인분석은 측정변수로부터 공통된 요인을 추출하는 방법이다. 연구대상자 간의 공통성을 추출하는 방법으로 군집분석(cluster analysis)이 사용된다. 군집분석은 유사성에 근거하여 연구대상을 유사한 동류집단으로 분류하는 다변량 분석 기법이다. 군집분석은 개체 내 변수 간 상관계수, 개체 간 거리, 확률적 유사성 측정치 등을 활용하여 여러 개체를 소수의 군집으로 분류하는 Q분석의 일종이다. 요인분석이 여러 변수를 요인으로 단순화하는 반면에, 군집분석은 연구대상자를 소수의 집단(군집)으로 분류해 준다.

3. SPSS 탐색적 요인분석 사례

1) SPSS 명령문과 메뉴 활용법

• 분석 ⇨ 차원축소 ⇨ 요인분석 … 측정변수 선택 ⇨ 기술통계 ▶ 통계량 … 초기해법 선택 ▶ 상관행렬 … 구형성검증 등 선택 ▶ 요인추출 … 추출방법 선택 ▶ 요인회전 … 회전방법 선택 ▶ 옵션 … 계수표시형식 선택

```
factor variable=v1 v2 v3 v4 v5 v6 v7 v8
   /print=initial kmo repr extraction rotation
   /format=sort
   /plot=eigen
   /criteria=mineigen(1)
   /extraction=pc
   /rotation=varimax.
```

2) SPSS 요인분석 사례

(1) 상관행렬 검토

corr var=eff1a to eff1d eff2a eff2b eff3a to eff3d.

상관관계

1. 요인가능성 검토

상관관계

		흥미환경	건강안전 환경	학습환경	일과운영	기본생활 지도	분위기 조성	놀이지도	교수전략	동기유발	계획평가
흥미환경	Pearson 상관	1	.809	.790	.717	.494	.605	.705	.664	.611	.640
	유의확률(양측)		.000	.000	.000	.000	.000	.000	.000	.000	.000
	N	125	125	125	125	125	125	125	125	125	125
건강안전환경	Pearson 상관	.809	1	.766	.743	.465	.610	.690	.656	.620	.572
	유의확률(양측)	.000		.000	.000	.000	.000	.000	.000	.000	.000
	N	125	125	125	125	125	125	125	125	125	125
학습환경	Pearson 상관	.790	.766	1	.718	.499	.669	.755	.754	.719	.711
	유의확률(양측)	.000	.000		.000	.000	.000	.000	.000	.000	.000
	N	125	125	125	125	125	125	125	125	125	125
일과운영	Pearson 상관	.717	.743	.718	1	.686	.724	.724	.767	.742	.697
	유의확률(양측)	.000	.000	.000		.000	.000	.000	.000	.000	.000
	N	125	125	125	125	125	125	125	125	125	125
기본생활지도	Pearson 상관	.494	.465	.499	.686	1	.708	.647	.667	.610	.619
	유의확률(양측)	.000	.000	.000	.000		.000	.000	.000	.000	.000
	N	125	125	125	125	125	125	125	125	125	125
분위기조성	Pearson 상관	.605	.610	.669	.724	.708	1	.801	.766	.712	.675
	유의확률(양측)	.000	.000	.000	.000	.000		.000	.000	.000	.000
	N	125	125	125	125	125	125	125	125	125	125
놀이지도	Pearson 상관	.705	.690	.755	.724	.647	.801	1	.882	.810	.732
	유의확률(양측)	.000	.000	.000	.000	.000	.000		.000	.000	.000
	N	125	125	125	125	125	125	125	125	125	125
교수전략	Pearson 상관	.664	.656	.754	.767	.667	.766	.882	1	.862	.800
	유의확률(양측)	.000	.000	.000	.000	.000	.000	.000		.000	.000
	N	125	125	125	125	125	125	125	125	125	125
동기유발	Pearson 상관	.611	.620	.719	.742	.610	.712	.810	.862	1	.753
	유의확률(양측)	.000	.000	.000	.000	.000	.000	.000	.000		.000
	N	125	125	125	125	125	125	125	125	125	125
계획평가	Pearson 상관	.640	.572	.711	.697	.619	.675	.732	.800	.753	1
	유의확률(양측)	.000	.000	.000	.000	.000	.000	.000	.000	.000	
	N	125	125	125	125	125	125	125	125	125	125

(2) 주성분분석(직각회전, 요인추출기준: 고유값 > 1)

```
factor variable=eff1a to eff1d eff2a eff2b eff3a to eff3d
  /print=initial kmo repr extraction rotation
  /format=sort
  /plot=eigen
  /criteria=mineigen(1)
  /extraction=pc
  /rotation=varimax.
```

요인분석

KMO와 Bartlett의 검정

표본 적절성의 Kaiser-Meyer-Olkin 측도		.934
Bartlett의 구형성 검정	근사 카이제곱	1277.865
	자유도	45
	유의확률	.000

• KMO(Kaiser-Meyer-Olkin) > .9
• Bartlett의 구형성 검정: $p < .05$

공통성

	초기	추출
흥미환경	1.000	.678
건강안전환경	1.000	.658
학습환경	1.000	.751
일과운영	1.000	.776
기본생활지도	1.000	.554
분위기조성	1.000	.726
놀이지도	1.000	.829
교수전략	1.000	.845
동기유발	1.000	.766
계획평가	1.000	.714

추출 방법: 주성분분석.

⇒ 추출요인(1요인)에 기초한 공통분

설명된 총분산

성분	초기 고유값			추출 제곱합 적재량		
	전체	% 분산	누적 %	전체	% 분산	누적 %
1	7.296	72.964	72.964	7.296	72.964	72.964
2	.798	7.984	80.948			
3	.485	4.854	85.802			
4	.332	3.321	89.123			
5	.282	2.823	91.946			
6	.218	2.180	94.126			
7	.191	1.906	96.031			
8	.164	1.640	97.671			
9	.141	1.412	99.083			
10	.092	.917	100.000			

추출 방법: 주성분분석.

⇒ 고유값에 따라 추출된 요인수는 하나이므로 요인수를 3으로 기준을 바꾸어 요인분석 다시 수행

(3) 주성분분석(요인추출기준: 요인수=3)

```
factor variable=eff1a to eff1d eff2a eff2b eff3a to eff3d
  /print=initial kmo repr extraction rotation
  /criteria=factor(3)
  /extraction=pc
  /rotation=varimax.
```

요인분석

KMO와 Bartlett의 검정

표본 적절성의 Kaiser-Meyer-Olkin 측도		.934
Bartlett의 구형성 검정	근사 카이제곱	1277.865
	자유도	45
	유의확률	.000

- KMO(Kaiser-Meyer-Olkin)>.9
- Bartlett의 구형성 검정: $p<.05$

공통성

	초기	추출
흥미환경	1.000	.875
건강안전환경	1.000	.893
학습환경	1.000	.851
일과운영	1.000	.824
기본생활지도	1.000	.927
분위기조성	1.000	.795
놀이지도	1.000	.851
교수전략	1.000	.910
동기유발	1.000	.863
계획평가	1.000	.790

… ⇒ 추출요인(3요인)에 기초한 공통분

추출 방법: 주성분분석.

설명된 총분산

성분	초기 고유값			추출 제곱합 적재량			회전 제곱합 적재량		
	전체	% 분산	누적 %	전체	% 분산	누적 %	전체	% 분산	누적 %
1	7.296	72.964	72.964	7.296	72.964	72.964	3.415	34.154	34.154
2	.798	7.984	80.948	.798	7.984	80.948	3.034	30.336	64.490
3	.485	4.854	85.802	.485	4.854	85.802	2.131	21.311	85.802
4	.332	3.321	89.123						
5	.282	2.823	91.946						
6	.218	2.180	94.126						
7	.191	1.906	96.031						
8	.164	1.640	97.671						
9	.141	1.412	99.083						
10	.092	.917	100.000						

… 3요인에 기초한 고유값과 설명 분산

추출 방법: 주성분분석.

성분행렬[a]

	성분		
	1	2	3
흥미환경	.823	−.426	.125
건강안전환경	.811	−.452	.174
학습환경	.867	−.291	−.123
일과운영	.881	−.020	.218
기본생활지도	.744	.452	.412
분위기조성	.852	.229	.129
놀이지도	.911	.077	−.127
교수전략	.919	.151	−.205
동기유발	.875	.150	−.273
계획평가	.845	.136	−.241

… ⇒ 초기 요인부하량

추출 방법: 주성분분석.

a. 추출된 3 성분

회전된 성분행렬[a]

	성분		
	1	2	3
흥미환경	.331	.844	.231
건강안전환경	.282	.869	.243
학습환경	.572	.705	.164
일과운영	.416	.587	.553
기본생활지도	.321	.189	.888
분위기조성	.530	.356	.623
놀이지도	.706	.446	.392
교수전략	.787	.375	.388
동기유발	.806	.333	.321
계획평가	.759	.334	.320

… ⇒ 회전 후 요인부하량

추출 방법: 주성분분석.

회전 방법: 카이저 정규화가 있는 베리멕스.

a. 6 반복계산에서 요인회전이 수렴되었습니다.

(4) 주성분분석(사각회전: $\delta=0$, 요인추출기준: 요인수$=3$)

```
factor variable=eff1a to eff1d eff2a eff2b eff3a to eff3d
   /print=initial extraction rotation
   /criteria=factor(3) delta(0)
   /plot=rotation
   /extraction=pc
   /rotation=oblim
   /method=correlation.
```

요인분석

공통성

	초기	추출
흥미환경	1.000	.875
건강안전환경	1.000	.893
학습환경	1.000	.851
일과운영	1.000	.824
기본생활지도	1.000	.927
분위기조성	1.000	.795
놀이지도	1.000	.851
교수전략	1.000	.910
동기유발	1.000	.863
계획평가	1.000	.790

··· 사각회전에 기초한 공통분

추출 방법: 주성분분석.

고유값과 설명 분산

설명된 총분산

성분	초기 고유값			추출 제곱합 적재량			회전 제곱합 적재량[a]
	전체	% 분산	누적 %	전체	% 분산	누적 %	전체
1	7.296	72.964	72.964	7.296	72.964	72.964	6.664
2	.798	7.984	80.948	.798	7.984	80.948	5.643
3	.485	4.854	85.802	.485	4.854	85.802	4.420
4	.332	3.321	89.123				
5	.282	2.823	91.946				
6	.218	2.180	94.126				
7	.191	1.906	96.031				
8	.164	1.640	97.671				
9	.141	1.412	99.083				
10	.092	.917	100.000				

추출 방법: 주성분분석.

a. 성분이 상관된 경우 전체 분산을 구할 때 제곱합 적재량이 추가될 수 없습니다.

성분행렬[a]

	성분		
	1	2	3
흥미환경	.823	−.426	.125
건강안전환경	.811	−.452	.174
학습환경	.867	−.291	−.123
일과운영	.881	−.020	.218
기본생활지도	.744	.452	.412
분위기조성	.852	.229	.129
놀이지도	.911	.077	−.127
교수전략	.919	.151	−.205
동기유발	.875	.150	−.273
계획평가	.845	.136	−.241

⇒ 초기 요인부하량

추출 방법: 주성분분석.

a. 추출된 3 성분

패턴 행렬[a]

	성분		
	1	2	3
흥미환경	.029	−.906	.018
건강안전환경	−.065	−.966	.051
학습환경	.495	−.588	−.150
일과운영	.143	−.497	.420
기본생활지도	.037	−.004	.936
분위기조성	.396	−.122	.491
놀이지도	.726	−.155	.114
교수전략	.887	−.014	.083
동기유발	.964	.047	−.002
계획평가	.892	.019	.016

… ⇒ 회귀계수 β값과 유사한 요인부하량

추출 방법: 주성분분석.
회전 방법: 카이저 정규화가 있는 오블리민.
a. 8 반복계산에서 요인회전이 수렴되었습니다.

구조행렬

	성분		
	1	2	3
흥미환경	.692	−.935	.472
건강안전환경	.664	−.944	.472
학습환경	.820	−.873	.458
일과운영	.776	−.801	.752
기본생활지도	.655	−.481	.963
분위기조성	.806	−.643	.810
놀이지도	.912	−.732	.665
교수전략	.952	−.693	.673
동기유발	.928	−.646	.608
계획평가	.889	−.631	.593

… ⇒ 회귀계수 b값과 유사한 요인부하량

추출 방법: 주성분분석.
회전 방법: 카이저 정규화가 있는 오블리민.

성분 상관행렬

성분	1	2	3
1	1.000	−.720	.657
2	−.720	1.000	−.480
3	.657	−.480	1.000

… ⇒ 요인 간 상관

추출 방법: 주성분분석.
회전 방법: 카이저 정규화가 있는 오블리민.

3) 요인분석 결과 보고

〈표 6-2〉 요인분석 결과표

	요인 1 환경구성/일과운영	요인 2 생활지도	요인 3 교수-학습방법
흥미환경	.331	**.844**	.231
건강안전환경	.282	**.869**	.243
학습환경	.572	**.705**	.164
일과운영	.416	**.587**	.553
기본생활지도	.321	.189	**.888**
분위기조성	.530	.356	**.623**
놀이지도	**.706**	.446	.392
교수전략	**.787**	.375	.388
동기유발	**.806**	.333	.321
계획평가	**.759**	.334	.320
고유값	7.296	.798	.485
설명분산	72.964	7.984	4.854
누적분산	72.964	80.948	85.802
측정변수의 수	4	2	4

요인추출방법: 주성분분석.
회전방법: 직교회전.
요인추출: 이론적 근거에 기초한 3요인 모형.

본 연구에서는 환경구성 및 일과운영, 생활지도, 교수-학습방법의 3요인으로 구성된 유아교사의 교수효능감 척도의 구성타당도를 검토하기 위하여 10개 구성요소에 대한 주성분분석을 실시하였다. 초기 요인분석 결과, 고유값 1.0을 기준으로 1개의 일반요인만 추출되었다. 요인수를 3개로 지정하여 추가로 요인분석을 실시한 결과, 3요인에 의해 전체 설명변량은 85.80%가 설명되었다. 각 구성요소의 요인부하량은 모두 .5 이상으로 해당 요인에 적절히 부하됨을 알 수 있다.

4) 요인분석 문헌사례

CBQ의 15개 하위영역에 대한 탐색적 요인분석을 위하여 주성분분석과 직교회전을 실시하였으며, eigenvalue와 scree plot에 기초하여 3개의 요인으로 구성된 요인구조가 추출되었다. 3개의 요인에 의해 총 변량의 61.27%가 설명되었다. 탐색적 요인분석 결과, CBQ의 15개 하위영역은 외향성, 부정적 정서, 주의통제의 세 가지 요인으로 구성되어 있음을 보였다. 3개 상위요인에 대한 15개 하위영역의 요인부하량에 대한 결과는 Rothbart, Ahadi, Hershey와 Fisher(2001)의 연구결과와 유사하며, 이는 한국 유아의 기질 측정구조 역시 다른 나라의 유아와 마찬가지로 외향성, 부정적 정서, 주의통제의 3개의 요인으로 구성되어 있음을 나타낸다.

요인 1은 총변량의 28.60%를 설명하였으며, 주로 자극의 통제, 주의집중, 낮은 강도의 만족감, 자극민감성 등에 의해 '주의통제'를 설명하는 요인으로 나타났다. 요인 2는 총변량의 17.54%를 설명하면서, 주로 접근성, 강한 자극 선호성, 미소/웃음, 활동수준, 충동성, 수줍음 등과 같은 '외향성'을 설명하는 요인으로 구성된다. 요인 3은 총변량의 15.12%를 설명하였으며, 주로 불안, 공포, 분노/좌절, 슬픔 등과 같은 '부정적 정서'에 해당하는 하위영역을 포함하고 있다.

〈표 6-3〉 유아 기질척도의 탐색적 요인분석 결과

	요인		
	1. 주의통제	2. 외향성	3. 부정적 정서
접근성	.237	**.511**	.574
강한 자극 선호성	.144	**.780**	.068
미소/웃음	.759	**.411**	.099
활동 수준	.332	**.683**	.086
충동성	.099	**.806**	.133
수줍음	.077	**−.565**	.297
불안	.230	−.077	**.679**
공포	.294	−.313	**.572**
분노/좌절	−.299	.229	**.749**
슬픔	−.102	.088	**.773**
반응회복율/진정성	**.694**	.169	−.228
자극의 통제	**.738**	−.346	−.096
집중력	**.687**	.114	−.039
낮은 자극 선호성	**.781**	.139	.248
자극 민감성	**.771**	.088	.337

그러나 미소/웃음은 요인 2(외향성)에 속한 하위영역이었으나, 요인 1(주의통제)에 높은 요인부하량(각각 .694와 .759)을 나타내었다. 또한 외향성의 하위영역인 접근성의 경우에는 요인 2(.511)와 요인 3(.574)에 모두 높은 요인부하량을 나타내었다. 이러한 결과는 요인부하량의 크기에 있어서 부분적인 차이를 보여 주고 있을 뿐 요인구조의 전반적인 경향은 유지하는 것으로 나타났다. 이러한 결과는 미국 유아를 대상으로 한 Rothbart 등(2001)의 연구에서 나타난 기질 요인구조와 유사한 경향을 보이고 있으며, 특히 Rothbart 등(2001) 이 문화적 일관성을 평가하기 위해 제시한 중국, 일본 등의 동양권 유아에 대한 요인구조와도 일치한다.

출처: 이경옥(2004).

제3부

AMOS를 활용한 구조방정식 모형

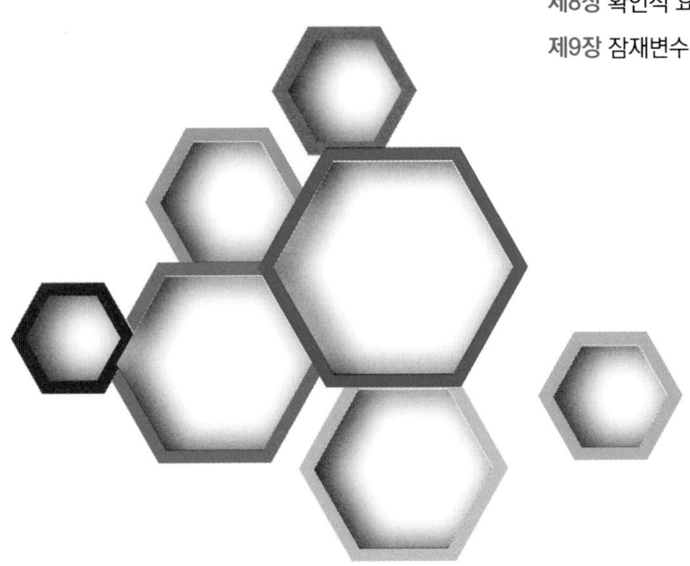

제7장 구조방정식 모형의 기초

1. 구조방정식 모형의 이해

1) 구조방정식 모형의 특징

구조방정식 모형(Structural Equation Modeling: SEM)은 주어진 현상에 대한 구조적 이론을 대표성 있는 표본에 기초하여 확인하는 통계적 방법이다(Byrne, 2010). 구조방정식 모형에서는 측정변수와 잠재변수와의 관계를 다루는 요인분석(측정모형)과 여러 잠재변인 간의 구조적 관계를 다루는 회귀분석(구조모형)을 동시에 수행할 수 있다. 구조방정식 모형은 여러 변수 간의 구조적 관계를 동시에 분석할 수 있어 통계적 검증력이 뛰어난 분석방법으로 알려져 있다.

구조방정식 모형에서는 먼저 가설을 설정하여 모형을 구성한 후 이를 실제 자료에 적용하여 모형과 자료의 적합성을 검토한다. 모형이란 현실에 대한 축약으로 가능한 한 단순해야 하며 모형에 대한 확실한 이론적 근거에 기초해야 한다. 특히 구조방정식 모형은 변수 간의 복잡한 인과관계 모형을 파악하는 데 유용하다고 소개되면서, 유아교육분야의 연구에서도 많이 사용되고 있다. 그러나 인과관계를 설명하려면, 다음과 같은 조건을 만족해야 한다.

① 모형에 포함된 변수들 간의 상관이 유의해야 한다.
② 반드시 원인이 결과보다 시간적으로 선행해야 한다.
③ 불필요한 외생변수를 적절히 통제할 수 있어야 한다.

구조방정식 모형에서는 선행이론에 의해 설정된 연구모형의 공분산행렬이 표본의 공분산행렬과 일치하는지를 검증한다. 연구모형의 공분산행렬은 모집단에서 존재하고 있을 것으로 가정되는 변수 간의 구조적 관계를 나타내며 표본의 공분산행렬은 수집된 자료의 변수 간의 공분산구조를 나타낸다. 구조방정식 모형은 영가설을 '모집단의 공분산행렬과 모형의 공분산행렬이 같다($H_0 : \Sigma = \Sigma(\theta)$).'로 설정하여 검증한 후 모형에 대한 자료의 합치도를 평가한다. 따라서 구조방정식 모형을 공분산구조 모형(covariance structure modeling)이라고도 한다.

구조방정식 모형은 요인분석, 분산분석, 회귀분석, 경로분석처럼 변수 간의 복잡한 상호관련성을 설명하기 위한 분석모형이다. 그러나 구조방정식 모형은 회귀분석, 경로분석, 요인분석과 구분되는 다음과 같은 장점을 지닌다.

① 기존의 회귀모형이나 경로모형이 측정변수 간의 관계를 다루는 반면, 구조방정식 모형은 측정변수에 의해 추정된 잠재변수 간의 복잡한 관계를 다룬다. 즉, 구조방정식 모형은 측정변수로부터 잠재변수를 추정하는 요인분석과 잠재변수 간의 구조적 관계(경로분석)를 동시에 수행한다.
② 측정변수 간의 상관관계를 바탕으로 잠재적 요인을 추출하는 기존의 요인분석을 탐색적 요인분석(exploratory factor analysis)이라고 하는 반면, 구조방정식 모형은 이론적으로 구성된 잠재적 요인구조를 경험적 자료로 확인하는 방식을 확인적 요인분석(confirmatory factor analysis)이라고 한다. 확인적 요인분석에서는 이론적 요인구조모형에 대한 분석이 가능하다.

③ 기존의 통계적 검증이 측정오차가 없다는 가정하에 이루어지는 반면, 구조방정식 모형에서는 잠재변수의 추정을 모형에 포함하여 분석을 수행하기 때문에 측정오차에 대한 평가가 가능하다.

④ 구조방정식 모형에서는 두 변수가 서로 영향을 주고받는 상호적 관계(bi-directional relationship)를 설정할 수 있다.

⑤ 구조방정식 모형에서는 오차 간의 상관을 설정할 수 있다.

2) 구조방정식 모형의 기본개념

(1) 측정변수와 잠재변수

측정변수(measured variable) 혹은 관찰변수(observed variable 또는 indicators)는 직접 관찰하거나 측정된 변수를 말하고 사각형으로 표시한다. 잠재변수(요인, latent variable)는 직접 관찰하거나 측정할 수 없는 변수로 여러 개의 관찰변수(측정변수)로 추정된 추상적 개념으로 원형(혹은 타원형)으로 표시한다.

(2) 외생변수와 내생변수

외생변수(exogenous variables)는 모형에서 오직 독립변수(설명변수)로만 작용하는 변수인 반면, 내생변수(endogenous variables)는 모형 내에 여러 경로 중 하나 이상의 경로에서 종속변수(결과변수)로 작용하는 변수로 다른 내생변수의 독립변수가 될 수도 있다.

(3) 오차와 잔차

오차(error)와 잔차(residual)는 구조방정식 모형 내 각 변수 간의 선형적 결합에서 설명되지 않는 부분을 나타낸다. 오차는 측정변수를 잠재변수로 설명하고 남은 부분을 의미한다면, 잔차는 결과변수에서 설명변수에 의해 설명되지 않은 부분을 의미한다. 오차와 잔차는 작은 원형 속에 e_i 혹은 d_i로 표시한다.

(4) 측정모형

측정모형(measurement model, 요인분석 모형)은 측정변수와 잠재변수 간의 관계를 나타낸다. 측정모형은 측정변수, 잠재변수, 오차변수(uniqueness 또는 error variables)로 구성된다. 각 측정변수의 변량은 측정변수에 의해 추정된 잠재변수의 변량과 잠재변수에 의해 설명되지 않는 측정오차의 변량으로 나뉜다.

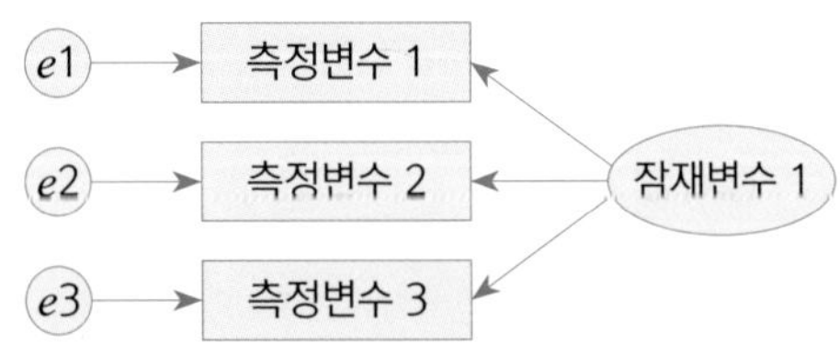

측정변수 1 = 잠재변수 1 + *e*1(측정오차) 1
측정변수 2 = 잠재변수 1 + *e*2(측정오차) 2
측정변수 3 = 잠재변수 1 + *e*3(측정오차) 3

[그림 7-1] 측정모형의 구조

(5) 구조모형

구조모형(structural model, 경로분석 모형)은 변수 간의 구조적 관계를 나타낸다. 구조모형은 여러 개의 회귀함수로 수행되는 회귀분석이나 경로분석과 마찬가지로 변수 간 직접적인 효과와 매개변수를 통한 간접적인 효과를 포함한다. 경로모형은 설명변수, 결과변수(종속변수), 잔차(residual)로 구성된다. 모든 외생변수는 예측변수로만 기능하고 모든 내생변수는 회귀함수의 결과변수로 기능하나 내생변수 중 일부(예: [그림 7-2]의 내생변수 1)는 다른 회귀함수의 설명변수로 기능하기도 한다. 각 결과변수의 총변량은 설명변수에 의해 설명되는 변량과 설명변수에 의해 설명되지 않는 잔차의 변량으로 나뉜다.

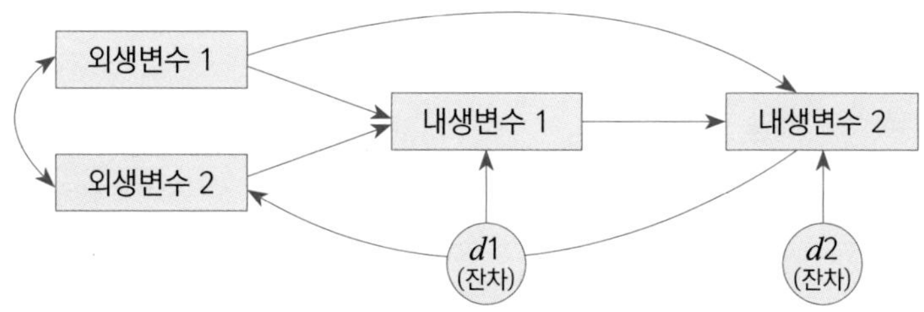

내생변수 1 = 외생변수 1 + 외생변수 2 + $d1$(잔차 1)

내생변수 2 = 외생변수 1 + 외생변수 2 + 내생변수 1 + $d2$(잔차 2)

[그림 7-2] 구조모형의 구조

(6) 잠재변수 구조모형

구조방정식 모형은 측정모형과 구조모형(이론모형)을 모두 포함한 잠재변수 구조모형으로 나타낼 수도 있다. 즉, 측정변수로 잠재변수를 추정하는 측정모형과 이론이나 가설과 관련한 개념을 구성한 모형으로 잠재변수 간의 구조적 관계를 추정하는 구조모형으로 구성된다. **측정모형**에서는 측정변수와 잠재변수 간의 측정오차를 고려하여 변수 간의 관계를 검토하고, **구조모형**에서는 측정변수와 잠재변수의 관계를 고려하여 잠재변수 간의 구조적 관계를 검토한다. 구조방정식 모형에서는 잠재변수를 추정하는 과정에서 발생하는 측정오차와 잠재구조모형의 추정과정에 발생하는 잔차를 모두 포함한다. 이와 같이 측정변수로 추정된 잠재변수 간의 구조적 관계를 모두 포함한 모형을 잠재변수 구조모형이라고 한다.

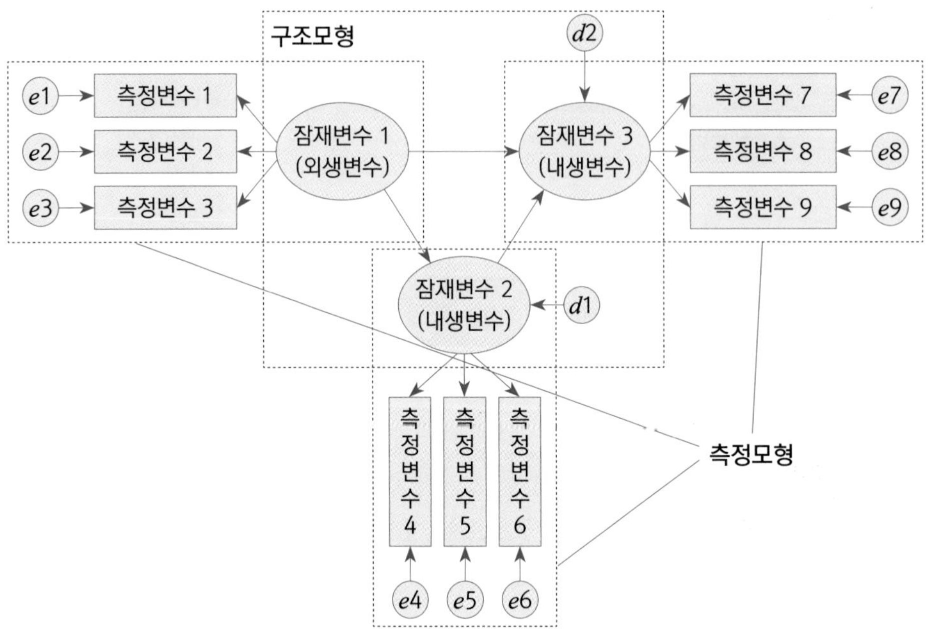

[그림 7-3] 구조방정식 모형의 구조

(7) 구조방정식 모형의 통계적 모형

구조방정식 모형은 관련 이론에 기초하거나 선행연구에 기초하여 측정변수로 구성된 잠재변수 간의 구조적 관계를 그림 혹은 함수로 나타낼 수 있다. 구조방정식 모형의 구조적 모형은 모형에 포함된 측정변수의 자료에 기초하여 검증하게 된다. 모형의 검증은 가설적(이론적) 모형과 자료의 적합도를 검토하여 경험적 자료가 가설적 모형이 부합하는지를 평가한다. 가설적 모형과 자료 간의 차이를 전체 모형의 잔차(residual)라고 한다. 수집된 자료(data)는 가설적 모형에 의해 설명되는 부분과 모형에 의해 설명되지 않는 잔차로 나뉜다.

$$\text{data} = \text{model} + \text{residual}$$

3) 구조방정식 모형의 분석절차

구조방정식 모형의 일반적인 분석절차는 다음과 같다.

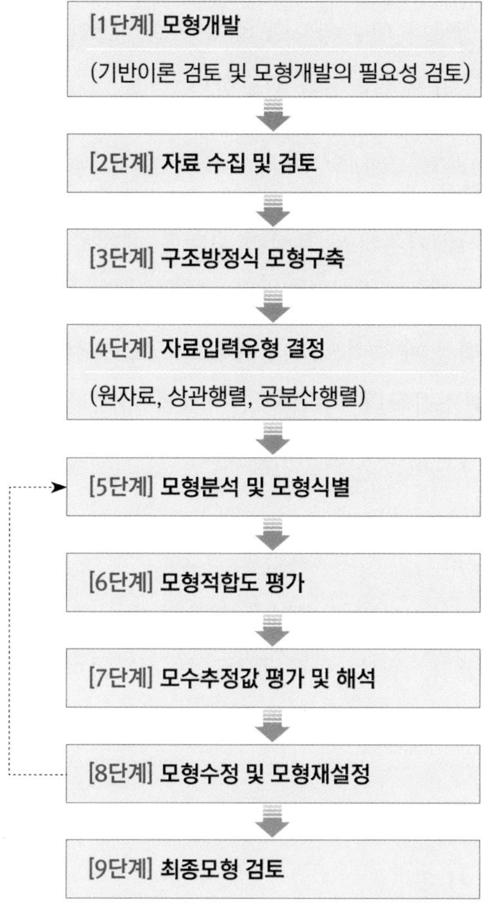

[그림 7-4] 구조방정식 모형의 분석 절차

(1) 모형개발

모든 통계분석의 출발은 연구문제 및 가설 설정에서 출발한다. 구조방정식 모형은 선행연구와 이론적 배경에 기초하여 연구문제나 가설을 모형으로 제시한다.

구조방정식 모형을 수행하려면 이론적으로 탄탄한 가설이 필요하다. 흔히 구조방정식 모형을 인과모형이라고 명명하는데, 이는 구조방정식 모형의 분석을 통해 인과관계를 파악하는 것이 아니라 선행연구를 기초로 이론적 인과모형을 설정하고 수집된 자료를 바탕으로 모형의 적합성을 검토하기 때문이다. 따라서 모형개발 단계에서는 선행연구나 이론에 기초하여 모형개발의 필요성을 확인하고 모형구축을 위한 조건이 갖추어졌는지를 검토한다.

(2) 자료 수집 및 검토

이론이나 선행연구에 기초하여 가설적 모형을 제시하고 제시된 모형의 필요성이 충분히 설명되면 모형의 적합성을 검토하기 위한 실증적 자료를 수집한다. 표본의 크기와 표집방법을 체계적으로 계획하고, 구조방정식 모형의 적용에서 발생할 수 있는 문제를 최소화한다. 수집된 원자료를 자세히 검토하여 결측값이나 정규성에서 벗어나는 극단값이 있는지 검토한다.

(3) 모형구축

모형구축의 단계에서는 설정된 가설을 검증하기 위한 가설적 모형(필요한 경우, 대안적 모형)을 구축한다. 우선, 수집된 자료를 검토하여 측정변수의 분석단위를 결정하고 측정모형을 구축한 후, 설정된 가설에 기초하여 잠재변수 간의 구조모형을 제시한다.

(4) 자료입력유형 결정

구조방정식 모형은 분산-공분산 행렬에 기초하여 실행된다. 따라서 구조방정식 모형에 사용되는 자료는 원자료, 상관행렬(표준편차나 분산 포함), 분산-공분산 행렬 형태로 입력되어야 한다. 원자료는 분산-공분산행렬로 전환되어 모형이 추정된다. 평균에 대한 분석에는 분산-공분산행렬과 더불어 평균에 대한 정보가 필요하다.

(5) 모형분석 및 모형식별

구조방정식 모형에서는 최대우도비 추정법(maximum likelihood estimate), 최소제곱법(least square method), 일반화 최소제곱법(generalized least square), 비가중 최소제곱법(unweighted least square) 등이 사용된다. 최대우도비 추정법은 관찰된 공분산행렬을 가장 잘 재생하는 방법으로, AMOS 프로그램에서는 기본 추정법으로 설정되어 있다.

구조방정식 모형의 분석결과를 살펴보기 전에 모형이 유효한지를 확인해야 한다. 모형식별은 모형의 추정가능성을 확인하는 과정으로, 모형이 수집된 자료에 적용가능한지를 검토해 준다.

우선 모형에 추정하고자 하는 모수의 수와 관찰자료의 수(즉, 분산–공분산 행렬에 포함된 자료의 수)를 검토한다. 모수(parameter)란 구조방정식 모형을 통해 추정하고자 하는 값으로, 자유롭게 추정 가능한 모수(자유미지수, free parameter)와 특정값으로 고정된 모수(고정 미지수, fixed parameter)로 나뉜다. k개의 측정변수가 있다면, 관찰자료의 수는 $k(k-1)/2$가 된다. 이때 자유도(df)는 관찰자료의 수에서 추정 모수의 수를 뺀 값이다.

$$df = \text{관찰자료의 수} - \text{추정모수의 수}$$

① $df=0$인 경우: 관찰자료의 수와 추정모수의 수가 같은 경우이다. 이를 정확식별(just-identified) 또는 **포화모형**이라 한다. 이 경우 모수 값이 추정되기는 하지만 χ^2 통계값은 0이 되어 적합도 지수의 산출에 어려움이 있다.

② $df>0$인 경우: 관찰자료의 수가 추정모수의 수보다 큰 경우로, **과다식별**(over-identified) 모형이라 한다. 모형추정이 적절히 이루어진다.

③ $df<0$인 경우: 관찰자료의 수가 추정모수의 수보다 작은 경우로, **과소식별** 또는 미식별(under-identified, unidentified) 모형이라 한다. 이 경우 모형추정이 어려우므로 고정모수를 추가하여 추정모수의 수를 줄여 주어 자유도를 양의 값으로 만들어 주면 모형추정이 가능해진다.

일반적으로 구조방정식 모형의 분석에서 모형식별을 위해 각 잠재변수의 분산을 1로 고정하거나 요인부하량 중의 하나를 1로 고정해 준다. 이러한 방법은 추정모수의 수를 줄여 주어 과소식별의 문제가 발생하는 것을 방지하고 반복계산의 과정이 원활히 이루어지도록 도와준다. 일반적으로 요인부하량 중 하나를 1로 고정하는 방법을 사용하는데, 1로 고정한 측정변수의 척도를 잠재변수의 척도로 사용하여 모수추정이 쉽게 이루어진다. 다음과 같은 경우, 모형식별 과정의 문제가 발생한다.

① 표준오차가 지나치게 큰 경우(예: 2.5 이상인 경우)
② 오차분산이 음의 값을 갖거나 추정값이 지나치게 큰 경우(Heywood case)
③ 상관관계 계수가 1에 가까운 높은 상관을 보이는 경우
④ 입력된 자료의 수보다 추정하고자 하는 값이 더 많은 경우

이러한 문제가 발생하면, 측정오차나 경로계수를 고정하거나 불필요한 변수(혹은 문제가 되는 변수)를 제거해 준다. 예를 들어, 잠재변수의 오차분산을 .005이하로 고정하거나 일부경로계수를 0으로 고정하여 자유도를 증가시켜 준다. 문제를 보완한 후 모형식별이 가능한지 다시 검토한다.

(6) 모형적합도 평가

이론적 가설모형이 실제 자료에 부합하는지를 검토하여 모형적합도를 평가한다. 이론에 기초한 구조방정식 모형으로 제안된 분산-공분산 행렬이 수집된 자료의 분산-공분산 행렬과 일치한다는 영가설을 검증한다.

H_0: 공분산구조모형이 모집단의 공분산행렬 자료와 일치한다.

모형적합도 측정은 χ^2값에 기초한다. χ^2값이 통계적으로 유의하지 않으면, 모형이 자료와 일치함을 의미하며 H_0을 기각하지 못한다. 반면, χ^2값이 통계적으로 유

의하면, 모형이 자료와 일치하지 않음을 의미하며 H_0을 기각한다.

그러나 χ^2 통계값은 표본수에 매우 민감하여 표본수가 크면 대부분 통계적으로 유의한 결과로 나타나 H_0을 기각할 가능성이 커져 모형을 기각하게 된다. 따라서 χ^2 통계값 이외의 다른 적합도지수를 함께 고려한다. 모형비교에서 χ^2 변화량($\Delta\chi^2$)을 사용하면 모형비교가 용이하다.

적합도지수의 종류는 크게 절대적합도지수, 증분적합도지수, 간명적합도지수로 구분된다. 일반적으로 χ^2 통겟값, GFI, NFI, TLI, CFI, RMSEA 등을 보고하는데, 이 중 표본수에 덜 민감한 TLI, CFI, RMSEA 등이 가장 선호된다(홍세희, 2000).

① 절대적합도지수

절대적합도지수(absolute fit index)는 χ^2처럼 모형의 추정값과 관찰값의 차이를 통해 모형의 적합도를 평가한다. 절대적합도지수에는 기초적합도지수(Goodness-of-Fit Index: GFI), 수정기초적합도지수(AGFI: Adjusted Goodness of Fit Index), 근사제곱근평균제곱오차(Root Mean Square Error of Approximation: RMSEA)가 있다. GFI는 관찰된 분산-공분산 행렬이 모형에 의해 추정된 분산-공분산 행렬에 의해 설명되는 비율로, R^2과 유사하다(Jöreskog & Sörbom, 1993). AGFI는 관찰된 분산-공분산 행렬이 모형에 의해 추정된 분산-공분산 행렬에 의해 설명되는 비율을 자유도로 조정한 값으로, 수정된 R^2과 유사하다(Jöreskog & Sörbom, 1993). RMSEA는 추정된 분산-공분산 행렬이 모집단의 분산-공분산 행렬과 얼마나 부합되는지를 추정한 값을 자유도로 조정한 값이다(Steiger, 1990). 일반적으로 GFI와 AGFI는 .9 이상이면 적합하다고 본다. RMSEA는 .08 이하는 적합하며, .05 이하는 우수하다.

② 증분적합도지수

증분적합도지수(incremental fit index)는 기초모형과의 비교를 통해 모형의 적합성을 평가한다. 증분적합도지수로는 표준적합도지수(Normed Fit Index: NFI), 상대적 적합도 지수(Relative Fit Index: RFI), 증분적합도지수(Incremental Fit Index:

IFI), Tucker-Lewis의 비표준적합도지수(Non-Normed Fit Index/Tucker-Lewis Index: NNFI/TLI), 비교적합도지수(Comparative Fit Index: CFI)가 있다. NFI는 기초모형과 비교하여 적합도 향상을 표준화한 적합도를 나타낸다. TLI는 NFI와 유사하게 자유도로 조정하여 적합도 향상을 측정한다(Tucker-Lewis, 1973). CFI는 독립모형과 비교하여 해당 모형이 관찰된 분산-공분산 행렬과 얼마나 잘 부합되는지를 평가한다(Steiger & Lind, 1980). CFI는 NFI가 표본의 크기에 영향을 받는 점을 보완한 것이다(Bentler, 1990). 그 외에도 상대적 적합도 지수(Relative Fit Index: RFI), 증분적합도지수(Incremental Fit Index: IFI) 등이 있다. NFI, RFI, IFI, TLI, CFI는 .9 이상이면 적합하다.

③ 간명적합도지수

간명적합도지수(parsimonious fit index)는 모형의 복잡성을 평가해 준다. 간명적합도지수로는 간명적합도지수(Parsimony Goodness of Fit Index: PGFI), 간명표준적합도지수(Parsimony Normed Fit Index: PNFI), 간명비교적합도지수(Parsimony Comparative Fit Index: PCFI)가 있다. 두 모형 중 자유도가 클수록 간명성이 우수한 모형이며 PGFI, PNFI, PCFI 등이 클수록 좋은 모형이다. 또한 아카이케 정보기준(Akaike Information Criterion: AIC)은 정보이론접근법에 기초하여 모형추정과 모형선택을 하나의 개념적 틀 아래 결합한 지수이다. 둘 이상의 모형이 있을 때 0에 가까울수록 간명성과 적합성이 우수함을 나타낸다.

그 밖에도 **교차타당화지수**(Expected Cross-Validation Index: ECVI)는 주어진 표본으로 적합하다고 평가된 모형이 다른 표본에도 일관성 있게 적합한 것으로 나타나는지를 평가하여 일반화 가능성을 검토하는 데 사용된다. 일반적으로 교차타당화를 검토하기 위해서는 둘 이상의 표본이 있어야 하는데 ECVI를 사용하면 하나의 표본으로 교차타당도를 검토할 수 있으므로, 모형비교에 유용하다. 일반적으로 표본이 크거나 모형이 복잡할수록 교차타당화지수가 작아지므로, ECVI가 작을수록 교차타당화가 잘 이루어진다.

〈표 7-1〉 적합도 지수

	적합도 지수	특징	표본수	간명성	기준
절대 적합도 지수 (absolute fit index)	χ^2(CMIN: MINimum of Chi-square)	모형이 모집단 자료에 적합하다는 영가설 H_0과 대립가설 H_1을 χ^2통계량을 사용하여 검정하는 적합도 지수	민감	비고려	$p>.05$
	기초적합도 지수 (GFI)	$1-\frac{\text{오차변량}}{\text{전체변량}}$	민감	비고려	$>.9$ 적합
	수정기초적합도 지수(AGFI)	$1-\frac{\text{포화모형 추정모수의 수}}{\text{기본모형의 } df}(1-GFI)$	민감	고려	$>.9$ 적합
	근사제곱근 평균제곱오차 (RMSEA)*	$\sqrt{\frac{\frac{\chi^2-\text{기본모형 } df}{n-1}}{\text{기본모형 } df}}$	덜민감	고려	$<.05$ 우수 $<.08$ 적합
증분 적합도 지수 (incremental fit index)	표준적합도 지수(NFI)	$\frac{\text{독립모형 } \chi^2-\text{연구모형 } \chi^2}{\text{독립모형 } \chi^2}$	민감	비고려	$>.9$ 적합
	상대적 적합도 지수(RFI)	$\frac{\text{독립모형의 } (\chi^2/df)-\text{연구모형의 } (\chi^2/df)}{\text{독립모형의 } (\chi^2/df)}$	민감	비고려	$>.9$ 적합
	증분적합도 지수(IFI)	$\frac{\text{독립모형의 } \chi^2-\text{연구모형의 } \chi^2}{\text{독립모형의 } \chi^2-\text{연구모형의 } df}$	민감	비고려	$>.9$ 적합
	비표준적합도 지수(NNFI/TLI)*	$\frac{\text{독립모형의 } (\chi^2/df)-\text{연구모형의 } (\chi^2/df)}{\text{독립모형의 } (\chi^2/df-1)}$	덜민감	고려	$>.9$ 적합
	비교적합도 지수(CFI)*	$1-\frac{\text{연구모형의 } \chi^2-\text{연구모형의 } df}{\text{독립모형의 } \chi^2-\text{독립모형의 } df}$	덜민감	비고려	$>.9$ 적합
간명 적합도 지수 (parsimonious fit index)–	간명적합도 지수(PGFI)	$\frac{\text{기본모형의 } df}{\text{총 정보의 수}}\times GFI$	–	고려	클수록 적합
	간명표준적합도 지수(PNFI)	$\frac{\text{연구모형의 } df}{\text{독립모형의 } df}\times NFI$	–	고려	클수록 적합
	아카이케 정보기준(AIC)	$\chi^2+2\times\text{추정모수의 수}$	–	고려	작을수록 적합

(7) 모수추정값의 평가 및 해석

구조방정식 모형의 식별과 적합도 평가 후, 본격적으로 모형 내 개별 모수추정값을 평가하고 해석한다. 즉, 이론적 가설모형 내 모수에 대한 추정값을 검토하고 변수 간의 관계 및 모형의 설명력을 평가하고 해석한다.

(8) 모형수정 및 모형 재설정

모형수정은 세 가지 방식으로 수행된다(Jöreskög, 1993; Byrne 2010).

① 모형확인(strictly confirmatory) 방식: 연구자가 이론에 근거하여 하나의 모형을 제시하고 자료를 수집하여 수집된 데이터로 가설적 모형의 적합도를 검증한다. 모형확인 방식은 힘들게 자료를 수집한 후에 수집된 데이터가 모형에 부합하지 않을 때 연구 자체를 무효화해야 하는데 연구자는 이를 수용하기 힘들기 때문에 이 방식을 선호하지 않는다.

② 모형산출(model generating) 방식: 데이터에 부합하지 않는 모형을 기각하고 모형을 수정하여 데이터에 가장 잘 부합하는 모형을 찾는다. 연구자가 선호하는 방식이지만 각 모형은 통계적 적합성과 더불어 이론적으로 확실한 의미를 지녀야 하는데, 자칫 데이터에 기초하여 모형을 구성할 경우 이론적인 설명이 어려울 수 있다는 점에 유의해야 한다.

③ 대안모형(alternative model) 방식: 이론에 기초하여 몇 가지 대안모형(혹은 경쟁모형)을 제시하고 수집된 자료로 가장 적합한 모형을 선정한다. 연구자에 의해 설정된 대안모형의 비교는 많은 학자가 추천하는 방식이다. 그러나 가설모형과 대안모형의 명확한 이론적 근거를 제시해야 한다.

모형에 대한 평가 및 해석 과정에서 모형에 모수를 추가하거나 제거하는 모형수정이 요구될 수 있다. 일반적으로 AMOS를 비롯한 구조방정식 모형에 사용되는 프로그램은 수정지수(Modification Index: MI)를 제공해 준다. 수정지수는 측정구조의 변경, 오차 간의 상관, 잠재변수 간의 관계를 수정했을 때, 수정 후 χ^2 변화량에 기초하여 산출된다. 수정지수에 기초하여 모형의 일부 또는 전체적인 모형의 수정에 활용할 수 있다. 수정지수를 검토하여 모형을 수정하고 수정한 모형을 최종모형으로 선택할지를 판단한다. 그러나 모형의 수정 및 재설정은 이론적으로 설명 가능한 범위에서 수행해야 한다.

(9) 최종모형 검토

모형의 수정, 보완 및 모형비교 등의 과정을 거쳐 최종모형을 선택하고 이를 기반으로 최종모형을 검토한다. 최종모형에 기초하여 모형적합도와 모수추정값을 검토한다.

4) 구조방정식 모형을 위한 통계프로그램

구조방정식 모형을 분석하기 위한 통계프로그램으로 LISREL(LInear Structural RELation; Jöreskog & Sörbom,1984), EQS(EQSations; Bentler, 1985), AMOS(Analysis of MOment Structure; Arbuckle, 1997), Mplus(Muthén & Muthén, 1999) 등이 있다. 이중 AMOS 프로그램은 이론적 모형을 그림 도구를 이용하여 연구자가 손쉽게 설계하고 편집할 수 있도록 개발되어 일반 연구자가 쉽게 활용할 수 있도록 지원해 준다.

2. AMOS 프로그램

1) AMOS 프로그램의 이해

(1) AMOS 프로그램 시작하기

AMOS 프로그램을 사용하여 구조방정식 모형을 분석하기 위해서는 AMOS

Graphics를 선택한다. AMOS Graphics는 그래픽 인터페이스로 구성되어 있어 그림 도구상자를 이용하여 손쉽게 모형을 구성하고 분석할 수 있도록 도와준다. AMOS Basic을 사용하면 명령문 창에 프로그램 언어를 사용하여 수행할 수 있다. 따라서 AMOS Basic을 사용하려면 구조방정식 모형의 기초개념을 이해하고 구조방정식 모형을 위한 프로그램 언어에 익숙해져야 한다.

(2) AMOS Graphics의 화면구성

AMOS Graphics 창은 상단에 메뉴모음이 제시되고, 아랫부분은 도구모음 창, 상태표시 창, 작업시트 창으로 나뉜다.

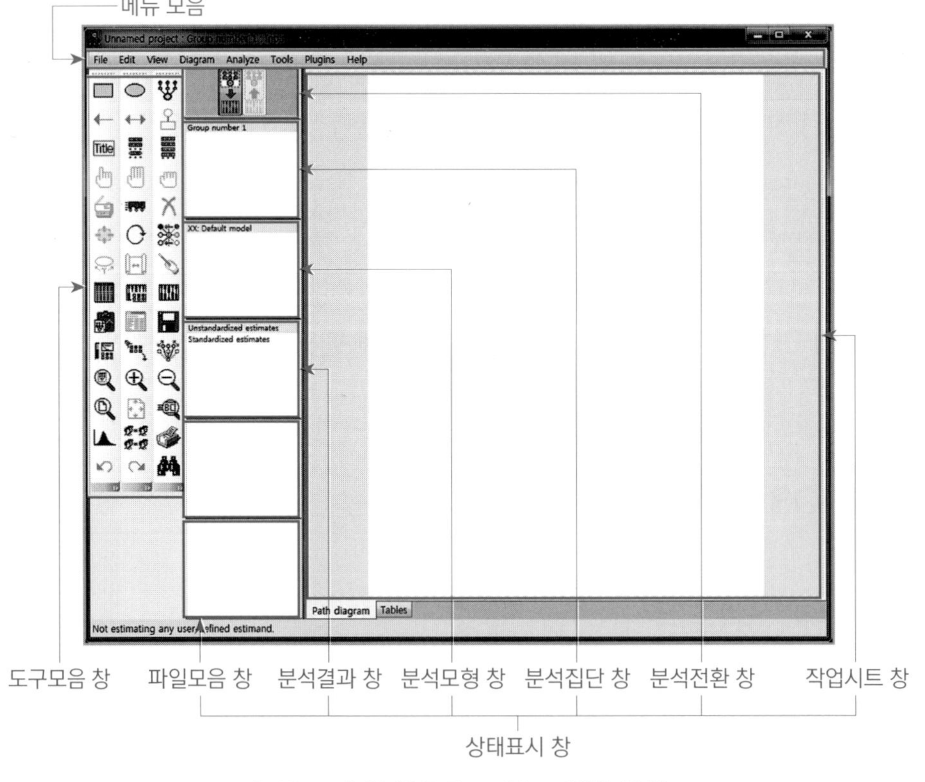

[그림 7-5] AMOS Graphics 화면 구성

① 도구모음 창: 구조방정식 모형을 구성하고 실행하는 데 필요한 모든 도구의 아이콘이 나열되어 있는 창이다. 도구모음 창의 기능은 메뉴모음과 대부분 중복된다.

② 상태표시 창: 분석 전과 후로 전환이 가능한 분석전환 창, 분석집단 창, 분석모형 창, 분석결과 창, 파일목록이 제시되는 파일모음 창으로 구성된다.

③ 작업시트 창: 분석하고자 하는 모형을 그림으로 작업할 수 있는 공간이다.

(3) 아이콘과 메뉴 이해하기

구조방정식 모형을 실행하려면 AMOS Graphics 프로그램을 실행한 후, 도구모음 창의 아이콘이나 메뉴를 사용하여 작업시트 창에 모형을 그려 분석을 실행한다. 아이콘과 메뉴는 다분히 중복적이기 때문에 아이콘만 잘 활용할 수 있으면 손쉽게 구조방정식 모형을실행할 수 있다.

〈표 7-2〉 AMOS 아이콘 설명

아이콘	설명	아이콘	설명	아이콘	설명
	측정변수		잠재변수		측정모형
	상관/공분산 표시		경로 표시		오차
Title	모형 제목(title)		변수목록 1 (모형 내 변수목록)		변수목록 2 (데이터 변수목록)
	단일선택		전체선택		전체 선택취소
	도형 복사		도형 이동		도형 삭제
	도형 크기 조정		도형 회전		반대 방향으로 이동
	모수 이동		위치 조정 (scroll)		선위치 조절 (touch up)
	데이터파일 열기		분석속성 설정		분석 실행
	클립보드에 복사 (clipboard)		분석결과 보기		저장
	개체속성 지정		개체속성 복사		모형 대칭 정렬
	부분 확대 보기 (zoom)		모형 확대 보기 (zoom in)		모형 축소 보기 (zoom out)
	전체 화면 보기 (zoom page)		창에 맞추어 모형 조정		확대경으로 경로보기
	Baysian 추정		다집단 분석		경로모형 인쇄
	되돌리기		다시 되돌리기		모형식별 검색

2) AMOS 프로그램 수행 절차

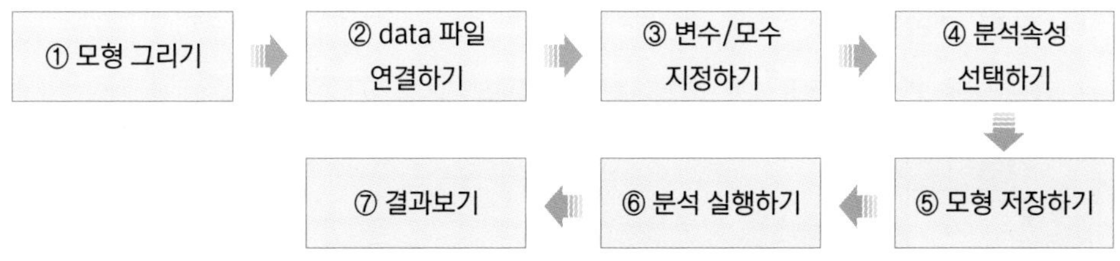

[그림 7-6] AMOS 프로그램 수행 절차

3. AMOS 경로분석 사례

1) 분석모형 설정하기

(1) 분석모형 설정하기

〈표 7-3〉 가설모형과 비교모형

모형 1(포화모형)	모든 직접경로와 간접경로 포함
모형 2(가설모형)	배경 변인(학력과 경력) → 교사-유아 상호작용 직접 경로 제외

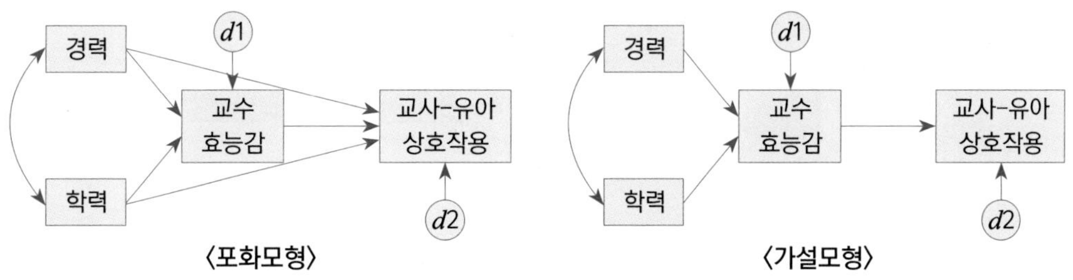

[그림 7-7] 가설모형과 비교를 위한 대안모형

2) AMOS 프로그램 실행하기

(1) 모형 그리기

변수와 경로표시 아이콘을 이용하여 경로모형을 그린다.

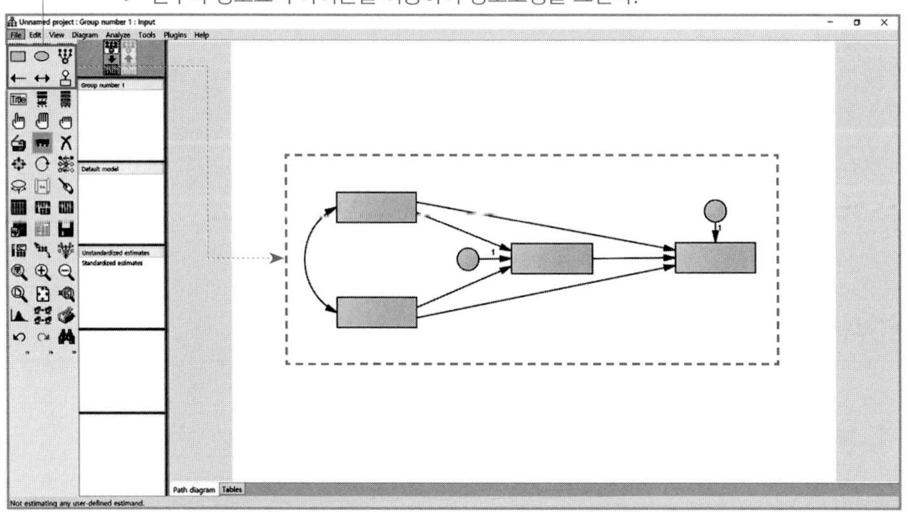

(2) 데이터 파일 연결하기

데이터 파일 열기 아이콘을 클릭하여 데이터 파일을 불러온다.

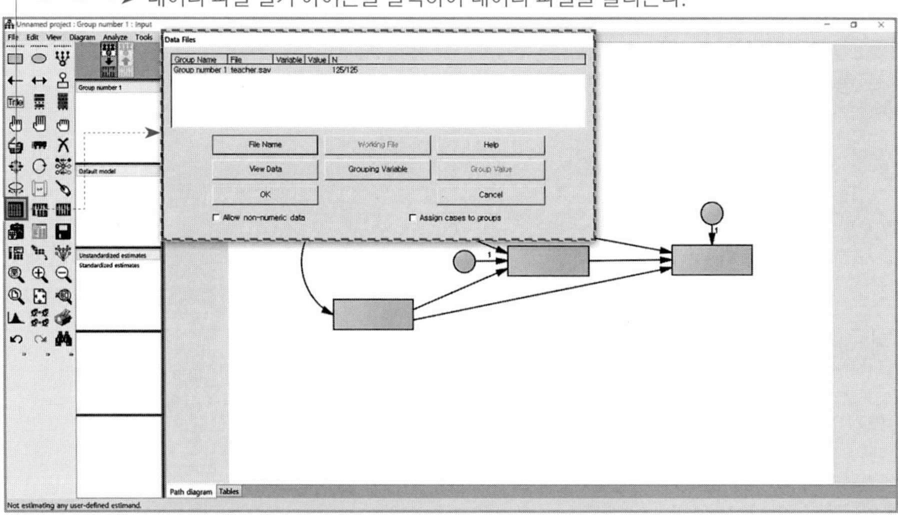

(3) 변수/모수 지정하기

데이터 변수목록 아이콘을 선택한 후 해당 측정변수 도형에 변수명을 끌어 넣어 각 측정변수를 지정한다.

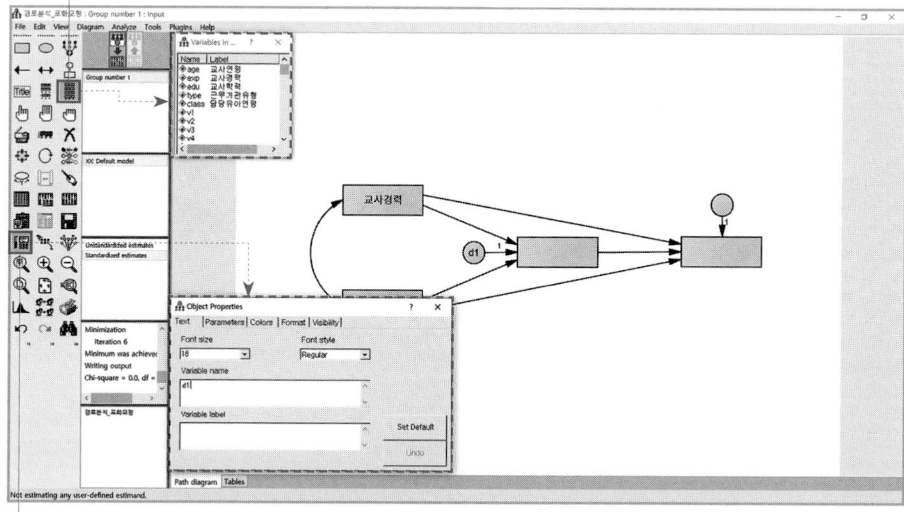

개체속성 아이콘을 선택한 후 오차항의 변수명을 지정한다.

(4) 분석속성(analysis property) 선택하기

분석속성 설정 아이콘을 사용하여 분석방법 등을 선택한다.

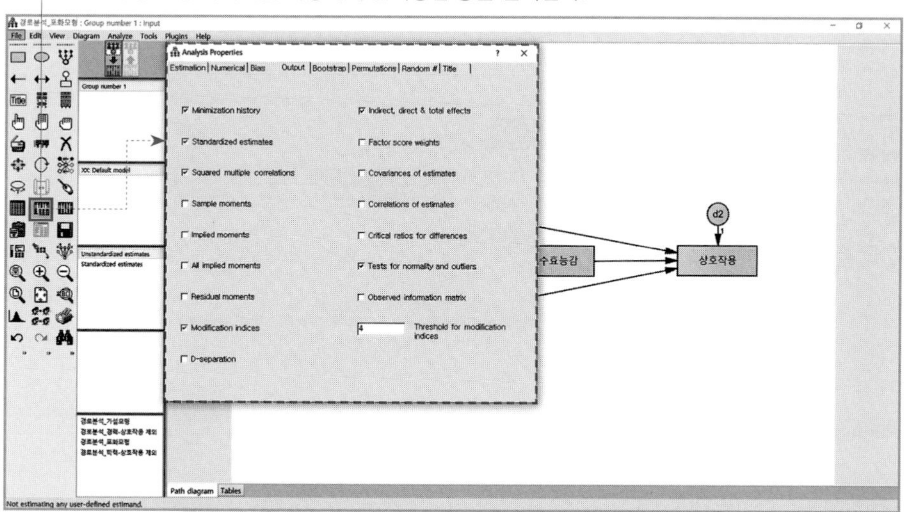

(5) 모형 저장하기

저장 아이콘을 선택하여 완성된 모형을 저장한다.

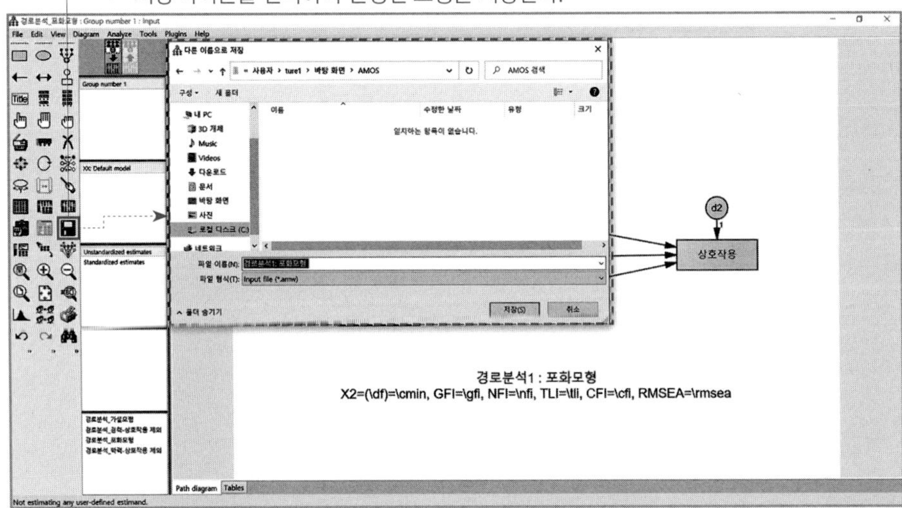

(6) 분석 실행하기

분석실행 아이콘을 선택하여 분석을 실행한다.

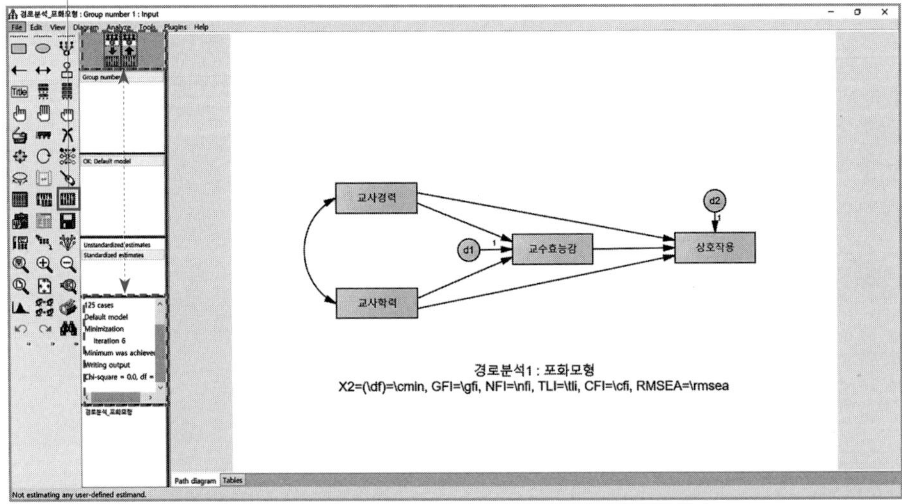

(7) 결과보기

① 작업시트에서 결과보기

결과전환 버튼을 클릭하여 작업시트에서 결과를 검토한다.

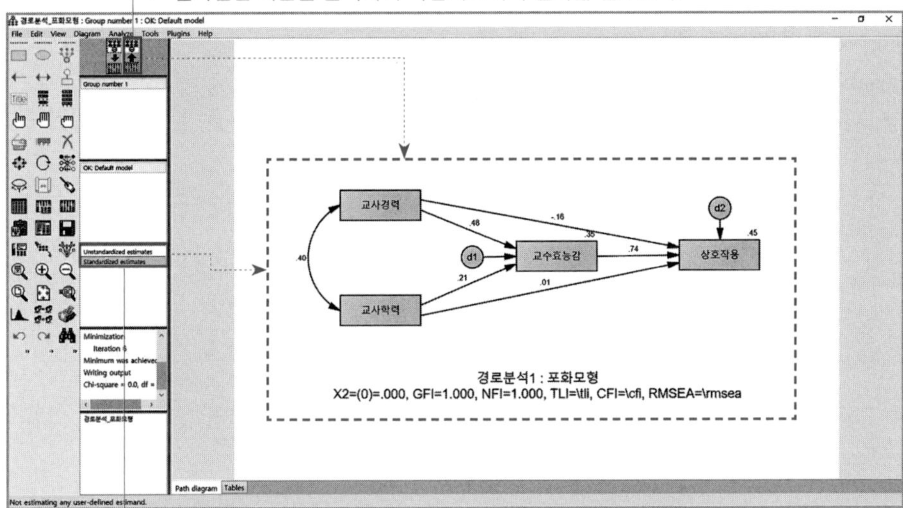

분석결과 창에서 표준화 추정값을 선택하여 결과를 검토한다.

② 결과파일 열어 결과보기

분석결과 창에서 결과를 검토한다.

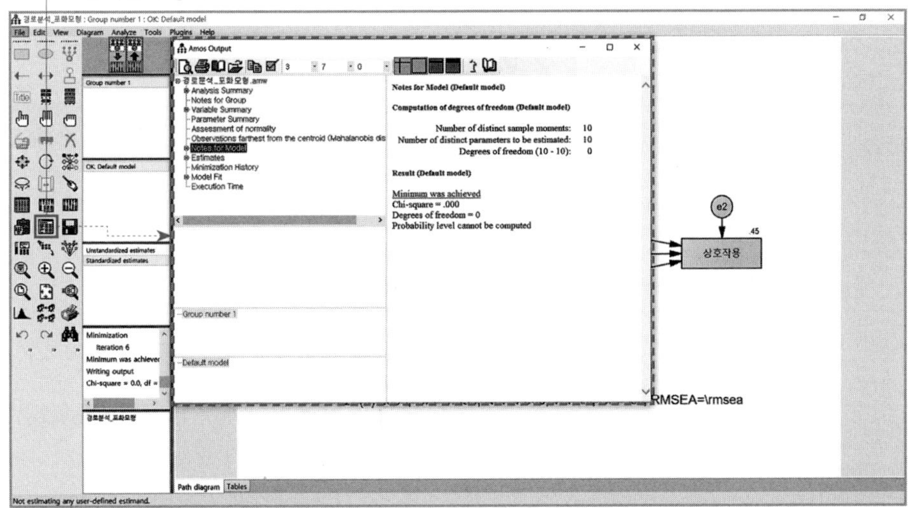

3) AMOS 분석결과

Notes for Group (Group number 1)

The model is recursive.

Sample size=125

Variable Summary (Group number 1)

Your model contains the following variables (Group number 1)

Observed, endogenous variables

상호작용(inter)

교수효능감(effic)

Observed, exogenous variables

교사경력(exp)

교사학력(edu)

Unobserved, exogenous variables

d2

d1

Variable counts (Group number 1)

Number of variables in your model:	6
Number of observed variables:	4
Number of unobserved variables:	2
Number of exogenous variables:	4
Number of endogenous variables:	2

Parameter Summary (Group number 1)

	Weights	Covariances	Variances	Means	intercepts	Total
Fixed	2	0	0	0	0	2
Labeled	0	0	0	0	0	0
Unlabeled	5	1	4	0	0	10
Total	7	1	4	0	0	12

Notes for Model (Default model)

Computation of degrees of freedom (Default model)

Number of distinct sample moments:	10
Number of distinct parameters to be estimated:	10
Degrees of freedom (10-10):	0

- 관찰자료의 수: 분산(4)+공분산(6)=10
- 추정모수의 수: 회귀(5)+공분산(1)+분산(4)=10
- $df = 10 - 10 = 0$

Result (Default model)
Minimum was achievd
Chi-square=.000
Degrees of freedom=0
Probability level cannot be computed

• 본 모형은 포화모형($df=0$)로 χ^2값이 0이 된다.

Estimates (Group number 1 – Default model)
Scalar Estimates (Group number 1 – Default model)
Maximum Likelihood Estimates
Regression Weights: (Group number 1 – Default model)

			Estimate	S.E.	C.R.	P	Label
교수효능감(effic)	←	교사경력(exp)	.243	.040	6.117	***	
교수효능감(effic)	←	교사학력(edu)	.155	.059	2.644	.008	
상호작용(inter)	←	교수효능감(effic)	.669	.075	8.935	***	
상호작용(inter)	←	교사학력(edu)	.006	.050	.111	.911	
상호작용(inter)	←	교사경력(exp)	–.071	.038	–1.886	.059	

… Estimate
: 경로계수(b값)
C.R.(Critical Ratio)
$= \frac{Estimate}{SE}$
P: 유의성(p값)

Standardized Regression Weights: (Group number 1 – Default model)

			Estimate
교수효능감(effic)	←	교사경력(exp)	.481
교수효능감(effic)	←	교사학력(edu)	.208
상호작용(inter)	←	교수효능감(effic)	.742
상호작용(inter)	←	교사학력(edu)	.008
상호작용(inter)	←	교사경력(exp)	–.156

… • Estimate: 경로계수(β값)

Covariances: (Group number 1 – Default model)

			Estimate	S.E.	C.R.	P	Label
교사경력(exp)	↔	교사학력(edu)	.302	.074	4.100	***	

… r값의 유의성 검증

Correlations: (Group number 1 – Default model)

			Estimate
교사경력(exp)	↔	교사학력(edu)	.396

… • Estimate: r값

Variances: (Group number 1 – Default model)

	Estimate	S.E.	C.R.	P	Label
교사경력(exp)	1.128	.143	7.874	***	
교사학력(edu)	.517	.066	7.874	***	
d1	.185	.024	7.874	***	
d2	.129	.016	7.874	***	

Squared Multiple Correlations: (Group number 1 – Default model)

	Estimate
교수효능감(effic)	.354
상호작용(inter)	.448

… • Estimate: R^2값

Matrices (Group number 1– Default model)

Total Effects (Group number 1 – Default model)

	교사학력(edu)	교사경력(exp)	교수효능감(effic)
교수효능감(effic)	.155	.243	.000
상호작용(inter)	.109	.091	.669

Standardized Total Effects (Group number 1 – Default model)

	교사학력(edu)	교사경력(exp)	교수효능감(effic)
교수효능감(effic)	.208	.481	.000
상호작용(inter)	.163	.200	.742

… • total effect(전체 효과)
=직접 효과+간접 효과

Direct Effects (Group number 1 – Default model)

	교사학력(edu)	교사경력(exp)	교수효능감(effic)
교수효능감(effic)	.155	.243	.000
상호작용(inter)	.006	–.071	.669

Standardized Direct Effects (Group number 1 – Default model)

	교사학력(edu)	교사경력(exp)	교수효능감(effic)
교수효능감(effic)	.208	.481	.000
상호작용(inter)	.008	–.156	.742

… • Direct Effect
(직접 효과)

Indirect Effects (Group number 1 – Default model)

	교사학력(edu)	교사경력(exp)	교수효능감(effic)
교수효능감(effic)	.000	.000	.000
상호작용(inter)	.104	.162	.000

Standardized Indirect Effects (Group number 1 – Default model)

	교사학력(edu)	교사경력(exp)	교수효능감(effic)
교수효능감(effic)	.000	.000	.000
상호작용(inter)	.154	.357	.000

• Indirect Effect (간접 효과)

Modification Indices (Group number 1 – Default model)

Covariances: (Group number 1 – Default model)

			M.I.	Par Change

Variances: (Group number 1 – Default model)

			M.I.	Par Change

Regression Weights: (Group number 1 – Default model)

			M.I.	Par Change

• Modification Indeces(MI, 수정지수): 수정할 모수 제안

Model Fit Summary

CMIN

• Default model: 연구자가 제안한 모형
• Saturated model(포화모형): 추정모수의 수를 최대화한 모형
• Independent model(독립모형): 추정모수의 수를 최소화한 모형

Model	NPAR	CMIN	DF	P	CMIN/DF
Default model	10	.000	0		
Saturated model	10	.000	0		
Independence model	4	148.920	6	.000	24.820

• NPAR: 추정모수의 수
• CMIN: χ^2
• DF: 자유도
• P: 유의확률

* 본 모형은 포화모형로 χ^2값을 비롯한 적합도 지수가 산출되지 않음

RMR, GFI

Model	RMR	GFI	AGFI	PGFI
Default model	.000	1.000		
Saturated model	.000	1.000		
Independence model	.165	.626	.377	.376

• RMR(Root Mean Square Residual)
• GFI(Goodness of Fit Index)
• AGFI(Adjusted GFI)
• PGFI(Parsimony GFI)

Baseline Comparisons

Model	NFI Delta1	RFI rho1	IFI Delta2	TLI rho2	CFI
Default model	1.000		1.000		1.000
Saturated model	1.000		1.000		1.000
Independence model	.000	.000	.000	.000	.000

• NFI(Normed Fit Index)
• RFI(Relative Fit Index)
• IFI(Incremental Fit Index)
• TLI(Tucker-Lewis Index)
• CFI(Comparative Fit Index)

Parsimony-Adjusted Measures

Model	PRATIO	PNFI	PCFI
Default model	.000	.000	.000
Saturated model	.000	.000	.000
Independence model	1.000	.000	.000

… • PRATIO(Parsimony Ratio)
• PNFI(Parsimony NFI)
• PCFI(Parsimony CFI)

NCP

Model	NCP	LO 90	HI 90
Default model	.000	.000	.000
Saturated model	.000	.000	.000
Independence model	142.920	106.827	186.441

… • NCP(Noncentrality Parameter): 모수의 불일치성 지수

FMIN

Model	FMIN	F0	LO 90	HI 90
Default model	.000	.000	.000	.000
Saturated model	.000	.000	.000	.000
Independence model	1.201	1.153	.862	1.504

… • FMIN(MINimum of the discrepancy, F): 불일치 함수

RMSEA

Model	RMSEA	LO 90	HI 90	PCLOSE
Independence model	.438	.379	.501	.000

… • RMSEA(Root Mean Square Error of Approximation)

AIC

Model	AIC	BCC	BIC	CAIC
Default model	20.000	20.840	48.283	58.283
Saturated model	20.000	20.840	48.283	58.283
Independence model	156.920	157.256	168.233	172.233

… • AIC(Akaike Information Criterion): 아카이케 정보기준

ECVI

Model	ECVI	LO 90	HI 90	MECVI
Default model	.161	.161	.161	.168
Saturated model	.161	.161	.161	.168
Independence model	1.265	.974	1.616	1.268

… • ECVI(expected Cross-Validation Index): 교차타당화지수

HOELTER

Model	HOELTER .05	HOELTER .01
Default model		
Independence model	11	14

4) 분석결과 보고

본 연구에서는 배경변수(경력, 학력)가 교수효능감을 매개로 하여 교사-유아 상호작용에 이르는 직접경로와 간접경로를 포함한 포화모형과 배경변수에서 교사-유아 상호작용에 이르는 직접경로를 제거한 가설모형을 검토하였다.

포화모형으로 $df=0$이므로 χ^2값은 산출되지 않았다. 경로계수를 검토한 결과, 학력 → 교사-유아 상호작용, 경력 → 교사-유아 상호작용의 직접경로가 유의하지 않았다. 포화모형의 간접효과계수는 〈표 7-4〉와 같다.

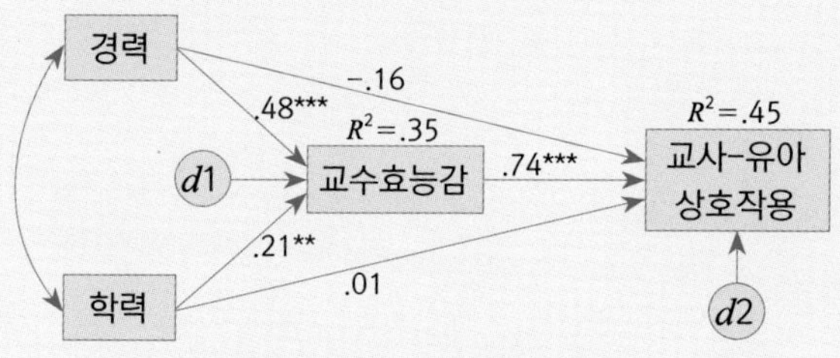

[그림 7-8] 포화모형 분석결과

〈표 7-4〉 포화모형의 직접 효과, 간접 효과, 총효과

		경력	학력	교수효능감
교수효능감	직접 효과	.481	.208	–
	간접 효과	–	–	–
	전체 효과	.481	.208	–
교사-영유아 상호작용	직접 효과	–.156	.008	.742
	간접 효과	.357	.154	–
	전체 효과	.200	.163	.742

제8장 확인적 요인분석

1. 확인적 요인분석의 이해

확인적 요인분석은 탐색적 요인분석과 달리 연역적 이론(a priori theory)에 기초하여 표본의 분산-공분산 행렬을 가장 잘 재생하는 미지수를 추정한다. 따라서 확인적 요인분석에서는 이론을 반영하는 미지수를 고정하거나 제한하여, 실제 자료가 이론적 모형을 얼마나 잘 지지하는지를 평가한다.

1) 탐색적 요인분석과 확인적 요인분석의 비교

탐색적 요인분석은 측정변수가 부하될 잠재요인에 대한 가설이 없이 요인의 수나 요인의 해석 가능성에 관심이 있다. 요인과 측정변수 간의 관계에 대한 추정에 있어서 탐색적 요인분석은 모든 측정변수로 설명 가능한 잠재변수를 추출하고 모든 측정변수가 모든 요인에 부하된다는 가정하에 분석결과를 제시해 준다. 반면, 확인적 요인분석은 측정변수가 구성하는 잠재변수에 대한 가설에 기초하여 요인모형이 적합한지를 확인하는 데 관심이 있다.

확인적 요인분석은 이론적 요인구조 모형에 기초하여 각 측정변수가 특정 잠재요인에만 부하된다는 가설을 검토한다. 요인구조가 복잡할 경우 하나의 측정변수가 하나 이상의 요인에 부하하는 것도 가능하다(Cattell, 1978). 즉, 탐색적 요인분석에서는 각 잠재변수는 모든 측정변수에 의해 추정되지만, 확인적 요인분석에서는 각 잠재변수는 지정된 측정변수에 의해서만 추정된다.

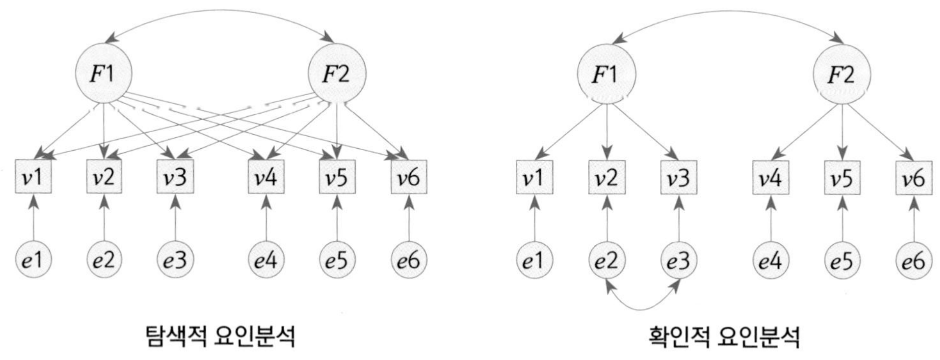

[그림 8-1] 탐색적 요인분석과 확인적 요인분석 비교

2) 확인적 요인분석의 특성과 기본 가정

확인적 요인분석 과정에서 추정되는 미지수로는 ① 요인계수, 즉 측정변수와 잠재변수 간의 관계(요인부하량), ② 잠재변수 간 상관, ③ 측정오차의 변량(error uniqueness)이 있다. 이러한 추정에 있어서 확인적 요인분석의 특성을 살펴보면 다음과 같다.

확인적 요인분석에서는 잠재변수 간의 관계는 투입된 분산-공분산 행렬에 기초하여 자유롭게 추정 가능하며, 측정변수의 요인부하량과 함께 잠재요인 간 상관을 추정하는 것이 가능하다. 확인적 요인분석은 요인분석 중 공통요인 추출방법에 기초하여 모형을 설정하고 요인구조를 확인한다. 또한 확인적 요인분석에서는 측정오차 간 상관을 자유롭게 추정하는 것이 가능하다.

(1) 분석 자료

확인적 요인분석은 공분산행렬에 기초하여 산출되므로 원자료를 사용하거나 원자료가 아닌 상관행렬과 표준편차(분산)가 있을 경우 수행 가능하다.

3) 확인적 요인분석의 절차

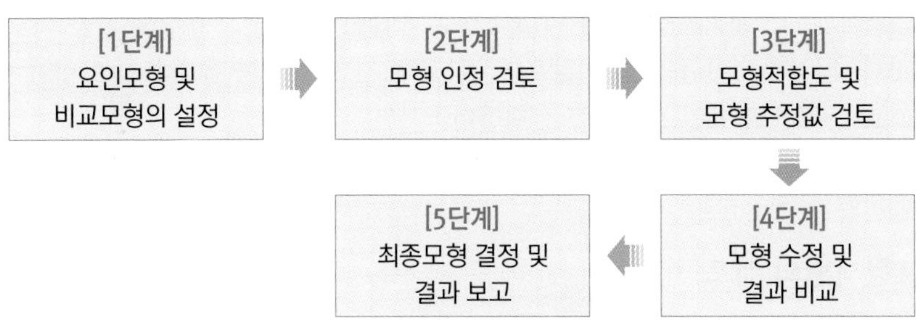

[그림 8-2] 확인적 요인분석 절차

(1) 요인모형 및 비교모형 설정

이론에 기초하여 측정변수와 잠재요인 간의 가설적 요인모형을 설정한다. 요인구조에 대한 이론적으로 경쟁하는 모형이 있을 경우 가설적 비교모형(혹은 대안적 요인모형)을 설정한다. 동일한 측정변수들로 구성된 여러 개의 모형을 비교할 경우 자유도가 클수록 간명모형이며, 자유도가 작으면 더 복잡한 모형이다.

예를 들어, 2요인 모형을 가설적 모형으로 제시하는 경우, 2요인 모형에 대한 대안모형으로 1요인 모형의 적합도를 비교함으로써 2요인 모형이 자료에 부합함을 검증함으로써 연구자가 제안한 측정변수와 잠재요인 간의 가설적 요인모형을 검증할 수 있다. 모형적합도에 차이가 없다면, 간편모형이 선호된다. 예를 들어, 1요인 모형과 2요인 모형의 적합도가 차이가 없다면 1요인 모형이 선호되며, 결과적으로 2요인의 모형 내에 존재하는 두 요인 간 변별타당도가 없음을 의미한다.

〈모형비교 방법〉

여러 모형을 비교하여 자료와 부합하고 해석이 용이한 모형을 선택한다. $\Delta\chi^2$검증을 통해 영가설(H_0: 두 모형 간 적합도에 차이가 없다)을 검증한다. 모형 A와 모형 B를 비교하는 경우, ① $\Delta df(df_A - df_B)$를 검토한다. $\Delta df > 0$이면 모형 A가 간명모형이고 $\Delta df < 0$이면 모형 B가 간명모형이다. ② $\Delta\chi^2(\chi^2_A - \chi^2_B)$를 검토한다. $\Delta\chi^2$가 유의하지 않으면 간명모형을 선호하고, $\Delta\chi^2$가 유의하면 χ^2값이 적은 모형이 더 적합한 모형이다. 예를 들어, $\Delta df > 0$이면 모형 A가 더 간명한 모형이다. 이때 $\Delta\chi^2$이 유의하면, 두 모형 간 적합도는 유의한 차이를 나타내므로 복잡한 모형인 모형 B를 최종모형으로 선택한다. 만약 $\Delta\chi^2$이 유의하지 않으면, 두 모형 간 적합도는 유의하게 차이가 나지 않으므로 간명한 모형인 모형 A를 선택한다.

(2) 모형식별의 검토

확인적 요인분석의 모형식별을 위해 다음과 같은 조건을 충족시켜야 한다.

① 자유도가 0보다 커야 한다. 즉, 추정되는 모수의 수가 입력된 자료의 수보다 많아야 한다.
② 모든 잠재변인의 변량을 1로 고정하거나 각 잠재변수의 요인부하량 중 하나를 1로 고정하여 잠재변수에 척도를 부여해 주어야 한다.
③ 요인당 측정변수의 수가 2~3개 이상이 되어야 한다.

모형식별을 검토할 때 자유도와 더불어 오차항의 변량이 0보다 작은 값(음수)은 아닌지, 부적절한 추정값이 있는지 등을 확인한다.

(3) 모형적합도 및 모형 추정치 평가

모형의 적합도와 추정값의 적절성을 평가할 때 다음 사항을 고려한다.

① 가설적 요인모형의 모형적합도 지수가 적절한지를 검토한다. χ^2값과 여러 가

지 적합도 지수를 사용한다.

② 가설적 요인모형이 적합한 경우, 각 요인부하량을 검토한다. 요인부하량이 일반적인 기준(예: >.4) 이상이면 적절하다고 본다.

③ 잠재변수 간 상관을 검토한다. 잠재변수 간 상관이 너무 높으면(예: >.9) 변별타당도가 없으므로 하나의 잠재변수로 재구성하는 것이 적합하다.

(4) 모형수정 및 결과 비교

① 가설적 요인모형이 적합하지 않을 경우, 수정지수(modification index)를 검토하여 잠재변수(요인)와 측정변수의 경로(요인 → 측정변수), 오차 간 공변량/상관(오차 ↔ 오차)을 추가하여 모형을 수정한다.

② 수정한 모형을 앞서 제시한 모형비교 방법에 따라 비교하여 최종모형을 결정한 후 추정값(요인부하량, 잠재변수 간 상관, 오차 간 상관 등)을 검토하면서 요인구조를 평가한다.

(5) 최종모형 결정 및 결과보고

모형의 수정, 보완 및 모형비교 등의 과정을 거쳐 최종모형을 선택하고, 최종모형에 기초하여 모형적합도와 모수추정값을 검토하여 결과를 해석한다.

2. AMOS 확인적 요인분석 사례

1) 분석모형 설정하기

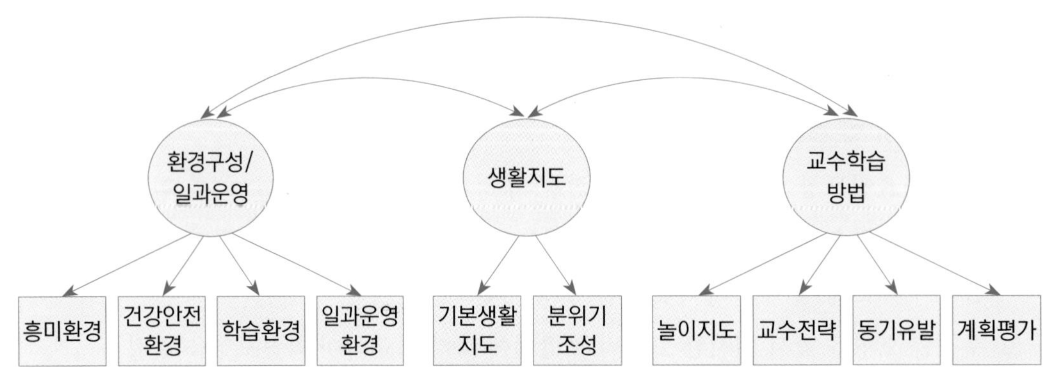

〈모형 1: 3요인 모형〉

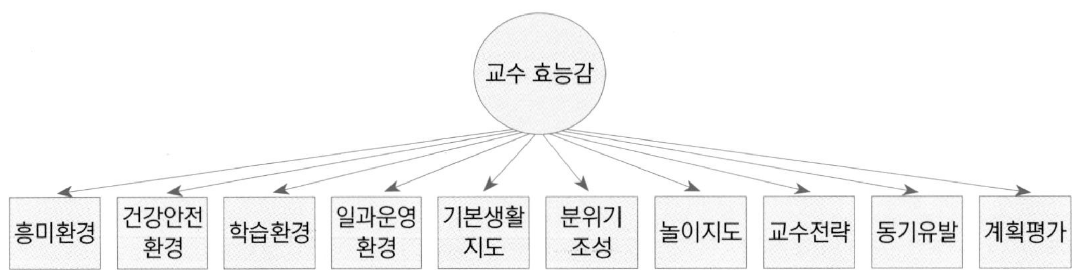

〈모형 2: 1요인 모형〉

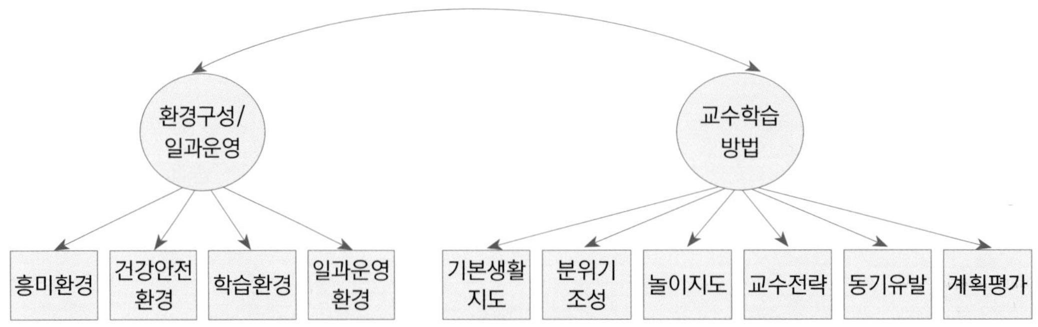

〈모형 3: 2요인 모형〉

[그림 8-3] 확인적 요인분석을 위한 모형

2) AMOS 프로그램 실행하기

(1) 모형 그리기

→ 측정모형 아이콘을 사용하여 요인구조를 그린다.

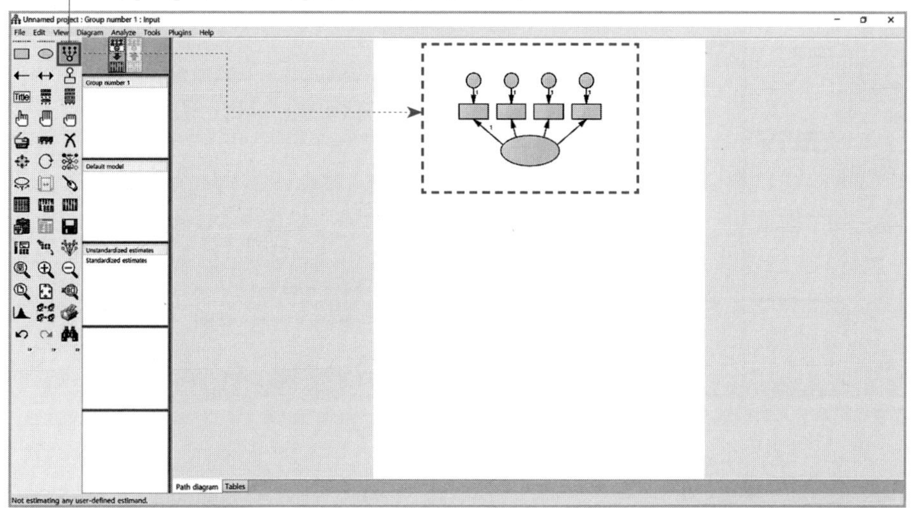

→ 복사, 이동, 도형크기 조정 및 회전 아이콘을 사용하여 요인구조를 그린다.

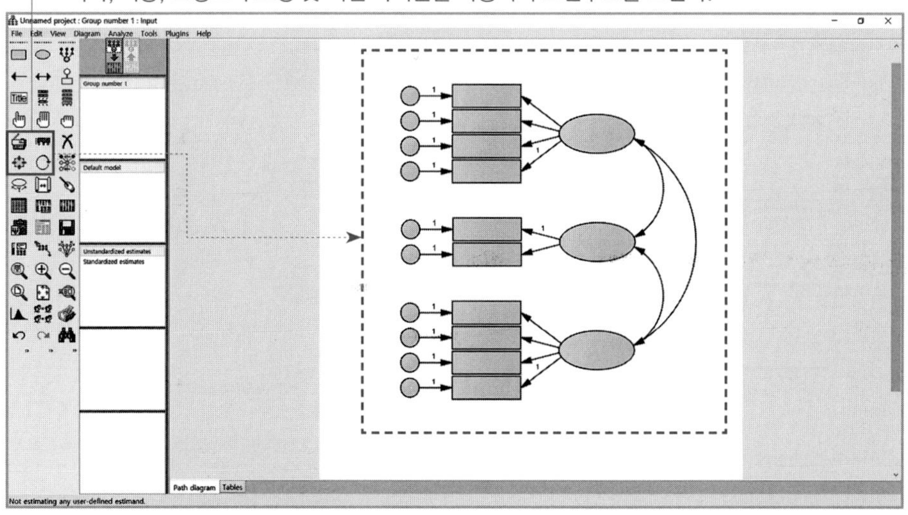

(2) 데이터 파일 연결하기

데이터 파일 열기 아이콘을 선택하여 데이터 파일을 선택한다.

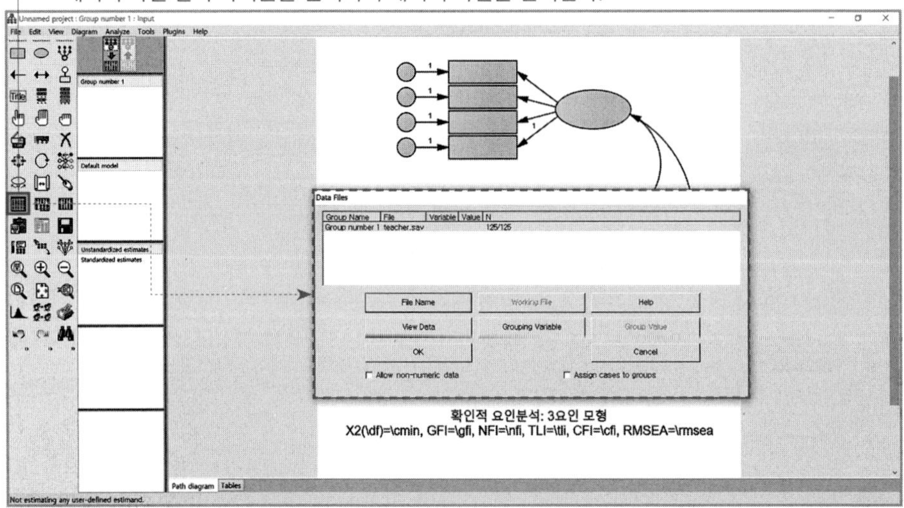

(3) 변수/모수 지정하기

데이터 변수목록 아이콘을 선택한 후 측정변수의 이름을 투입한다.

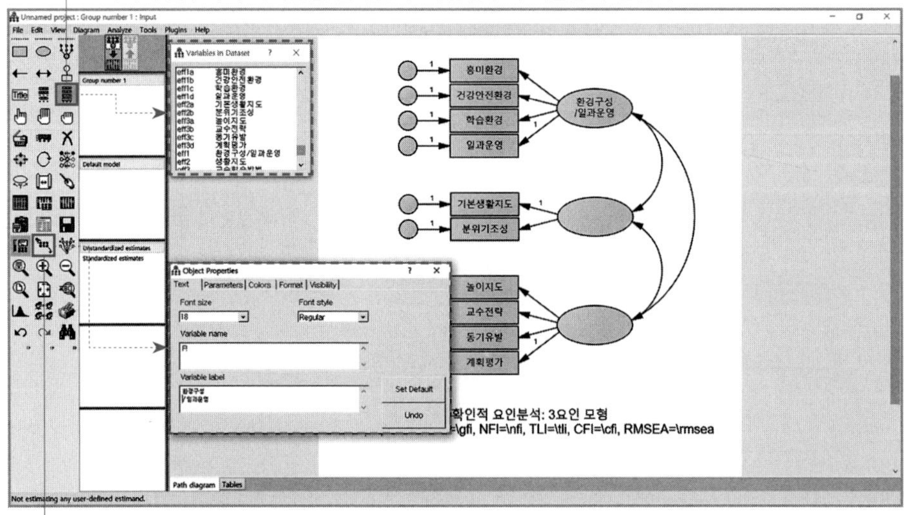

개체속성 아이콘을 선택한 후 잠재변수와 오차항의 이름을 지정한다.

(4) 분석속성 선택하기

→ 분석속성 설정 아이콘을 사용하여 분석방법을 선택한다.

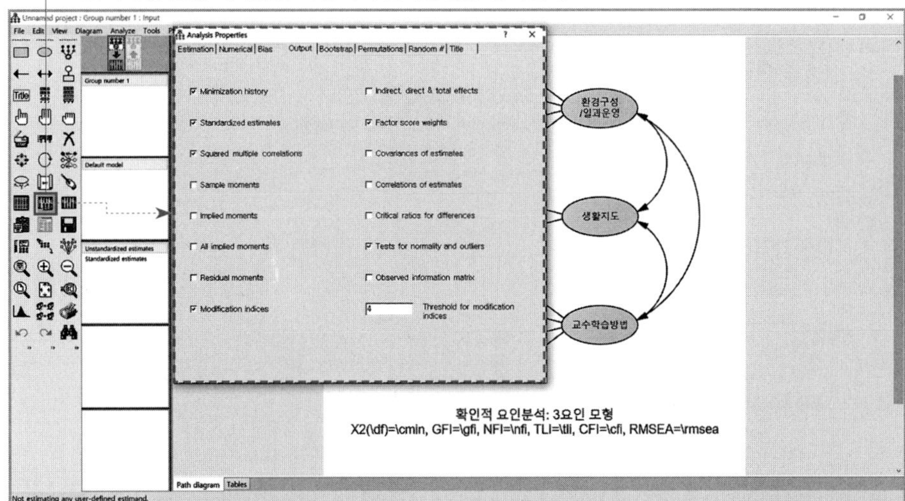

(5) 모형 저장하기

→ 저장 아이콘을 선택하여 완성된 모형을 저장한다.

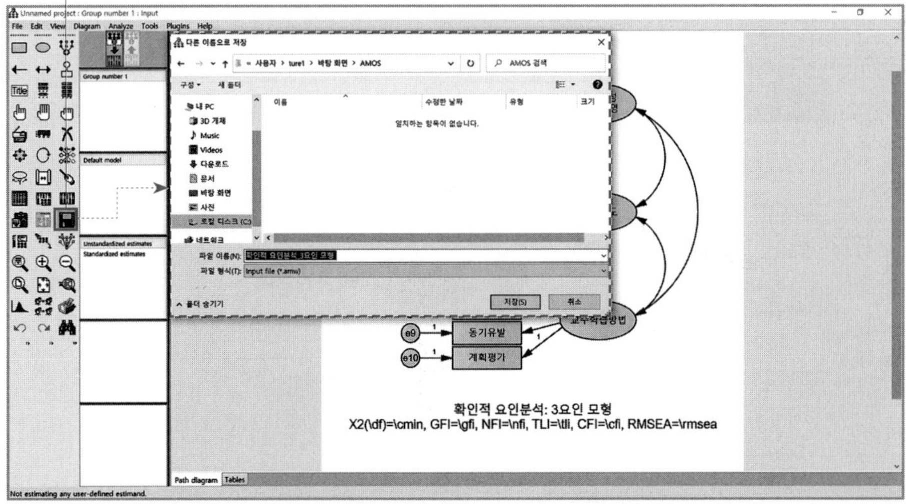

(6) 분석 실행하기

→ 분석실행 아이콘을 선택하여 분석을 수행한다.

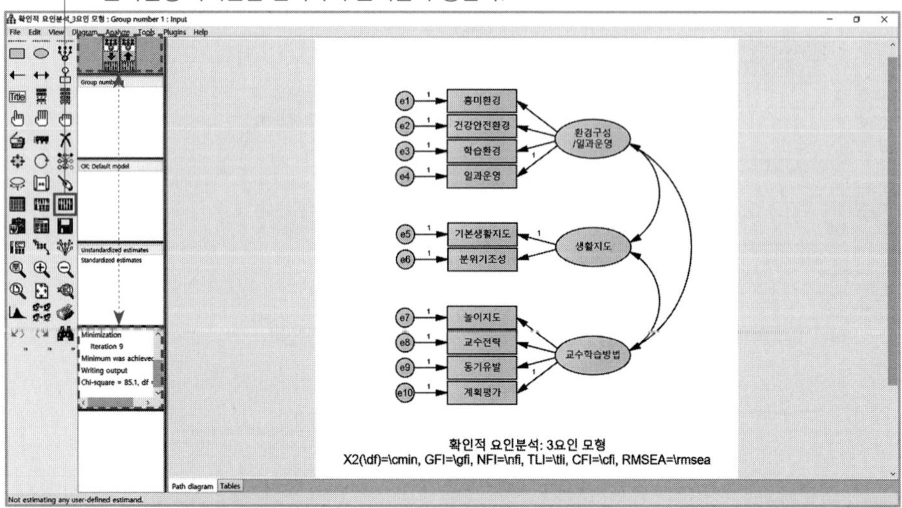

(7) 결과보기

① 작업시트에서 결과보기

→ 결과전환 버튼을 선택하여 작업시트에서 분석결과를 검토한다.

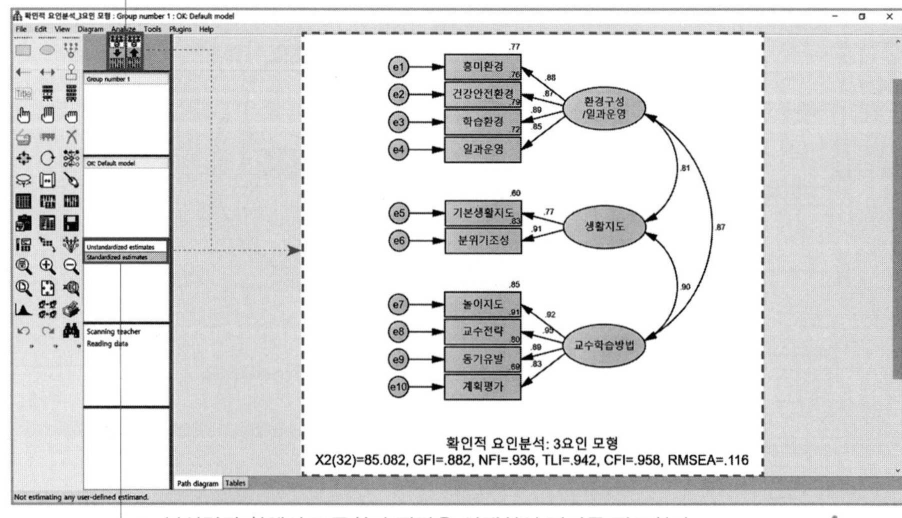

→ 분석결과 창에서 표준화 추정값을 선택하여 결과를 검토한다.

② 결과파일 열어 결과보기

→ 분석결과 보기 아이콘을 선택하여 결과파일을 열고 결과를 확인한다.

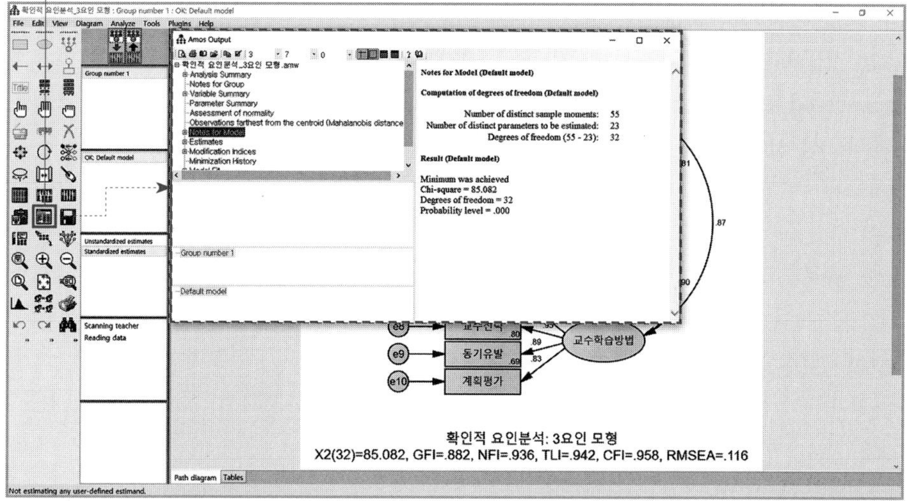

3) AMOS 분석결과

(1) 모형 1: 3요인 모형

Notes for Group (Group number 1)

The model is recursive.

Sample size=125

Variable Summary (Group number 1)

Your model contains the following variables (Group number 1)

Observed, endogenous variables

일과운영(eff1d)

학습환경(eff1c)

건강안전환경(eff1b)

흥미환경(eff1a)

분위기조성(eff2b)

기본생활지도(eff2a)

계획평가(eff3d)

동기유발(eff3c)

교수전략(eff3b)

놀이지도(eff3a)

Unobserved, exogenous variables

환경구성/일과운영(F1)

e4

e3

e2

e1

생활지도(F2)

e6

e5

교수학습방법(F3)

e10

e9

e8

e7

Variable counts (Group number 1)

Number of variables in your model:	23
Number of observed variables:	10
Number of unobserved variables:	13
Number of exogenous variables:	13
Number of endogenous variables:	10

Parameter Summary (Group number 1)

	Weights	Covariances	Variances	Means	intercepts	Total
Fixed	13	0	0	0	0	13
Labeled	0	0	0	0	0	0
Unlabeled	7	3	13	0	0	23
Total	20	3	13	0	0	36

Notes for Model (Default model)

Computation of degrees of freedom (Default model)

Number of distinct sample moments:	55
Number of distinct parameters to be estimated:	23
Degrees of freedom (55-23):	32

- 관찰자료의 수: 분산(10)+공분산(45)=55
- 추정모수의 수: 회귀(7)+공분산(3)+분산(13) =23
- *df*=55-23=32

Result (Default model)

Minimum was achieved

Chi-square=85.082

Degrees of freedom=32

Probability level=.000

Estimates (Group number 1 - Default model)

Scalar Estimates (Group number 1 - Default model)

Maximum Likelihood Estimates

Regression Weights: (Group number 1 - Default model)

			Estimate	S.E.	C.R.	P	Label
일과운영(eff1d)	←	환경구성/일과운영(F1)	1.000				
학습환경(eff1c)	←	환경구성/일과운영(F1)	1.103	.084	13.119	***	
건강안전환경(eff1b)	←	환경구성/일과운영(F1)	1.046	.083	12.641	***	
흥미환경(eff1a)	←	환경구성/일과운영(F1)	1.094	.086	12.791	***	
분위기조성(eff2b)	←	생활지도(F2)	1.033	.097	10.608	***	
기본생활지도(eff2a)	←	생활지도(F2)	1.000				
계획평가(eff3d)	←	교수학습방법(F3)	1.000				
동기유발(eff3c)	←	교수학습방법(F3)	1.156	.089	12.952	***	
교수전략(eff3b)	←	교수학습방법(F3)	1.069	.073	14.618	***	
놀이지도(eff3a)	←	교수학습방법(F3)	1.009	.073	13.778	***	

Standardized Regression Weights: (Group number 1 – Default model)

			Estimate
일과운영(eff1d)	←	환경구성/일과운영(F1)	.851
학습환경(eff1c)	←	환경구성/일과운영(F1)	.888
건강안전환경(eff1b)	←	환경구성/일과운영(F1)	.869
흥미환경(eff1a)	←	환경구성/일과운영(F1)	.875
분위기조성(eff2b)	←	생활지도(F2)	.913
기본생활지도(eff2a)	←	생활지도(F2)	.775
계획평가(eff3d)	←	교수학습방법(F3)	.831
동기유발(eff3c)	←	교수학습방법(F3)	.892
교수전략(eff3b)	←	교수학습방법(F3)	.954
놀이지도(eff3a)	←	교수학습방법(F3)	.923

• 요인부하량 >.5으로 모두 적절

Covariances: (Group number 1 – Default model)

			Estimate	S.E.	C.R.	P	Label
환경구성/일과운영(F1)	↔	생활지도(F2)	.213	.038	5.646	***	
생활지도(F2)	↔	교수학습방법(F3)	.234	.040	5.897	***	
환경구성/일과운영(F1)	↔	교수학습방법(F3)	.252	.041	6.184	***	

Correlations: (Group number 1 – Default model)

			Estimate
환경구성/일과운영(F1)	↔	생활지도(F2)	.808
생활지도(F2)	↔	교수학습방법(F3)	.900
환경구성/일과운영(F1)	↔	교수학습방법(F3)	.871

• 생활지도(F2)-교수학습(F3) 상관=.9로 요인 간 변별력 우려 → 1요인/2요인 모형 추가검토

Variances: (Group number 1 – Default model)

	Estimate	S.E.	C.R.	P	Label
환경구성/일과운영(F1)	.293	.050	5.822	***	
생활지도(F2)	.237	.048	4.965	***	
교수학습방법(F3)	.286	.051	5.659	***	
e4	.112	.017	6.506	***	
e3	.096	.016	5.926	***	
e2	.104	.017	6.256	***	
e1	.107	.017	6.162	***	
e6	.050	.015	3.302	***	
e5	.157	.024	6.612	***	
e10	.128	.018	7.194	***	
e9	.098	.015	6.667	***	
e8	.032	.007	4.736	***	
e7	.050	.008	6.047	***	

Squared Multiple Correlations: (Group number 1 – Default model)

			Estimate
놀이지도(eff3a)			.853
교수전략(eff3b)			.910
동기유발(eff3c)			.796
계획평가(eff3d)			.691
기본생활지도(eff2a)			.601
분위기조성(eff2b)			.834
흥미환경(eff1a)			.766
건강안전환경(eff1b)			.756
학습환경(eff1c)			.788
일과운영(eff1d)			.724

Modification Indices (Group number 1 – Default model)

Covariances: (Group number 1 – Default model)

			M.I.	Par Change
e7	<-->	교수학습방법(F3)	4.650	–.012
e7	<-->	생활지도(F2)	4.009	.013
e10	<-->	e7	4.469	–.018
e6	<-->	e7	6.515	.017
e1	<-->	환경구성/일과운영(F1)	4.301	.021
e2	<-->	환경구성/일과운영(F1)	5.582	.023
e2	<-->	e1	7.325	.031
e3	<-->	교수학습방법(F3)	4.891	.018
e3	<-->	e5	5.253	–.031
e4	<-->	생활지도(F2)	9.784	.030
e4	<-->	환경구성/일과운영(F1)	10.736	–.033
e4	<-->	e7	4.771	–.018
e4	<-->	e5	13.616	.051
e4	<-->	e3	4.329	–.023

Variances: (Group number 1 – Default model)

			M.I.	Par Change

Regression Weights: (Group number 1 – Default model)

			M.I.	Par Change
일과운영(eff1d)	<---	생활지도(F2)	5.032	.158
일과운영(eff1d)	<---	기본생활지도(eff2a)	14.656	.200
일과운영(eff1d)	<---	분위기조성(eff2b)	4.521	.126

• 수정 제안: '일과운영' 구성요소가 '생활지도(F2)' 요인에 부하

Model Fit Summary

CMIN

Model	NPAR	CMIN	DF	P	CMIN/DF
Default model	23	85.082	32	.000	2.659
Saturated model	55	.000	0		
Independence model	10	1322.297	45	.000	29.384

RMR, GFI

Model	RMR	GFI	AGFI	PGFI
Default model	.018	.882	.797	.513
Saturated model	.000	1.000		
Independence model	.255	.184	.002	.015

Baseline Comparisons

Model	NFI Delta1	RFI rho1	IFI Delta2	TLI rho2	CFI
Default model	.936	.910	.959	.942	.958
Saturated model	1.000		1.000		1.000
Independence model	.000	.000	.000	.000	.000

Parsimony-Adjusted Measures

Model	PRATIO	PNFI	PCFI
Default model	.711	.665	.682
Saturated model	.000	.000	.000
Independence model	1.000	.000	.000

RMSEA

Model	RMSEA	LO 90	HI 90	PCLOSE
Default model	.116	.086	.146	.000
Independence model	.478	.456	.501	.000

ECVI

Model	ECVI	LO 90	HI 90	MECVI
Default model	131.082	135.560	196.133	219.133
Saturated model	110.000	120.708	265.557	320.557
Independence model	1342.297	1344.244	1370.580	1380.580

(2) 모형 2: 1요인 모형

Parameter Summary (Group number 1)

	Weights	Covariances	Variances	Means	intercepts	Total
Fixed	11	0	0	0	0	11
Labeled	0	0	0	0	0	0
Unlabeled	9	0	11	0	0	20
Total	20	0	11	0	0	31

Notes for Model (Default model)

Computation of degrees of freedom (Default model)

Number of distinct sample moments:	55
Number of distinct parameters to be estimated:	20
Degrees of freedom (55-20):	35

- 관찰자료의 수: 분산(10)+공분산(45)=55
- 추정모수의 수: 회귀(9)+분산(11)=20
- *df*=55-20=35

Result (Default model)

Minimum was achieved

Chi-square=168.139

Degrees of freedom=35

Probability level=.000

Model Fit Summary

CMIN

Model	NPAR	CMIN	DF	P	CMIN/DF
Default model	20	168.139	35	.000	4.804
Saturated model	55	.000	0		
Independence model	10	1322.297	45	.000	29.384

RMR, GFI

Model	RMR	GFI	AGFI	PGFI
Default model	.023	.768	.635	.489
Saturated model	.000	1.000		
Independence model	.255	.184	.002	.150

Baseline Comparisons

Model	NFI Delta1	RFI rho1	IFI Delta2	TLI rho2	CFI
Default model	.873	.837	.897	.866	.896
Saturated model	1.000		1.000		1.000
Independence model	.000	.000	.000	.000	.000

RMSEA

Model	RMSEA	LO 90	HI 90	PCLOSE
Default model	.175	.149	.202	.000
Independence model	.478	.456	.501	.000

(3) 모형 3: 2요인 모형('생활지도'와 '교수학습방법'을 하나의 요인으로)

Parameter Summary (Group number 1)

	Weights	Covariances	Variances	Means	intercepts	Total
Fixed	12	0	0	0	0	12
Labeled	0	0	0	0	0	0
Unlabeled	8	1	12	0	0	21
Total	20	1	12	0	0	33

Notes for Model (Default model)

Computation of degrees of freedom (Default model)

Number of distinct sample moments:	55
Number of distinct parameters to be estimated:	21
Degrees of freedom (55-21):	34

- 관찰자료의 수: 분산(10)+공분산(45)=55
- 추정모수의 수: 회귀(8)+공분산(1)+분산(12) =21
- *df* =55-21=34

Result (Default model)

Minimum was achieved

Chi-square=97.769

Degrees of freedom=34

Probability level=.000

Model Fit Summary

CMIN

Model	NPAR	CMIN	DF	P	CMIN/DF
Default model	21	97.769	34	.000	2.876
Saturated model	55	.000	0		
Independence model	10	1322.297	45	.000	29.384

RMR, GFI

Model	RMR	GFI	AGFI	PGFI
Default model	.018	.865	.781	.535
Saturated model	.000	1.000		
Independence model	.255	.184	.002	.150

Baseline Comparisons

Model	NFI Delta1	RFI rho1	IFI Delta2	TLI rho2	CFI
Default model	.926	.902	.951	.934	.950
Saturated model	1.000		1.000		1.000
Independence model	.000	.000	.000	.000	.000

RMSEA

Model	RMSEA	LO 90	HI 90	PCLOSE
Default model	.123	.095	.152	.000
Independence model	.478	.456	.501	.000

4) 분석결과 보고

교수효능감 척도는 '환경구성/일과운영' '생활지도' '교수학습'의 3요인에 기초하여 개발되었다. 교수효능감 척도의 구성은 〈표 8-1〉과 같다.

〈표 8-1〉 교수효능감 척도의 구성

하위요인	구성요소	문항 수	문항번호
환경구성 및 일과운영	흥미환경	4	1-4
	안전환경	2	5-6
	학습환경	6	7-12
	일과운영	5	13-17
생활지도	생활지도	4	18-21
	분위기조성	10	22-31
교수-학습 방법	놀이지도	6	32-37
	교수전략	7	38-44
	동기유발	4	45-48
	계획평가	2	49-50

교수효능감 척도의 3요인 구조를 확인하기 위하여 AMOS 프로그램을 사용하여 확인적 요인분석을 실시하였다. 3요인 모형과 더불어 1요인 모형, 2요인 모형을 비교하면 〈표 8-2〉와 같다.

〈표 8-2〉 모형적합도 비교

	모형	χ^2	*df*	*p*	*GFI*	*NFI*	*TLI*	*CFI*	*RMSEA*
1	3요인 모형	85.082	32	.000	.882	.936	.942	.958	.116(.086, .146)
2	1요인 모형	168.139	35	.000	.768	.873	.866	.896	.175(.149, .202)
3	2요인 모형	97.769	34	.000	.865	.926	.934	.950	.123(.095, .152)

2요인 모형: '생활지도'요인과 '교수학습방법'요인이 하나의 요인으로 구성된 모형.

〈표 8-2〉에 제시된 각 모형의 적합도 지수를 살펴보면, 3요인 가설모형의 적합도 지수는 $\chi^2(32)=85.082$, $p=.000$, $GFI=.882$, $NFI=.936$, $TLI=.942$, $CFI=.958$이고, 1요인 모형의 적합도 지수는 $\chi^2(35)=168.139$, $p=.000$, $GFI=.768$, $NFI=.873$, $TLI=.866$, $CFI=.896$이다. 두 모형의 χ^2값을 비교하면, $\Delta\chi^2=83.057$, $\Delta df=3$으로 3요인 모형이 더 우수하다. '생활지도' 요인과 '교수학습방법' 요인을 하나로 묶은 2요인 모형을 검토한 결과, $\chi^2(34)=97.769$, $p=.000$, $GFI=.865$, $NFI=.926$, $TLI=.934$, $CFI=.950$으로, 3요인 모형과 비교할 때, $\Delta\chi^2=12.687$, $\Delta df=2$으로 3요인 모형이 더 우수하였다. 3요인 모형에 기초하여 요인구조를 검토한 결과, [그림 8-4]와 같이 요인부하량(>.7)은 모두 적절하나 요인 간 상관이 .808~.900으로 높게 나타난다. 따라서 교수효능감은 10개의 구성요소가 3개의 하위척도를 구성하며 3개의 하위척도는 교수효능감 전체척도(일반요인)로 수렴됨을 알 수 있다.

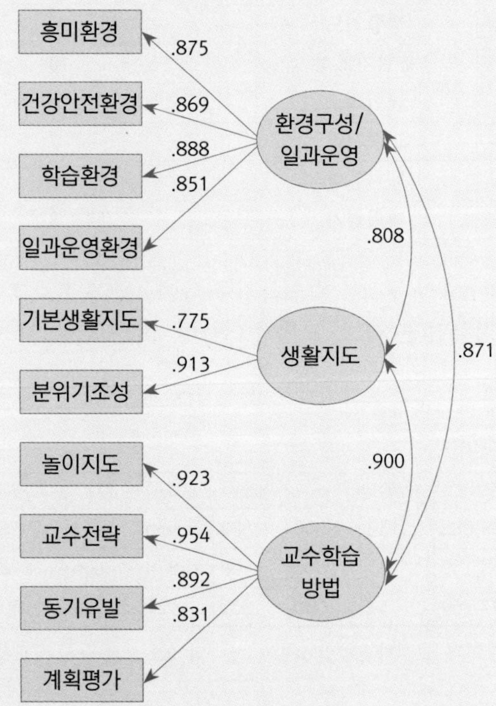

$\chi^2(32)=85.082$, $p=.000$, $GFI=.882$, $NFI=.942$, $TLI=.958$, $CFI=.116$

[그림 8-4] 3요인 모형의 요인부하량과 요인 간 상관

5) 확인적 요인분석 문헌사례

2세 6개월에서 3세 11개월 연령군은 언어이해, 시공간, 작업기억 등 3개의 기본지표로 구성됨을 확인하였다. 이에 각 지표를 대표하는 소검사 2개로 구성된 요인구조가 유아의 지능을 설명하는지 분석하였다. 연구결과, 모형의 적합도지수는 $\chi^2(6)=8.45$, *CFI*=1.00, *TLI*=.99, *RMSEA*=.03(.00, .06)으로 우수하였으며, [그림 8-5]에 제시된 것처럼 잠재변인에 대한 설명력이 적절하였다. 이러한 결과는 WPPSI-IV 표준화 연구결과와 동일한 현상이다(Wechsler, 2012).

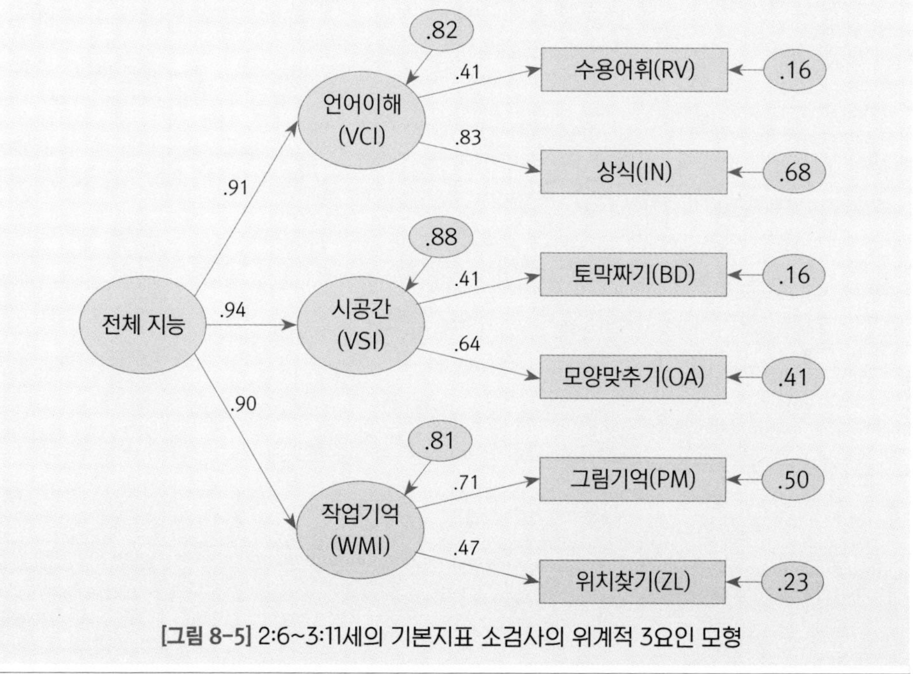

[그림 8-5] 2:6~3:11세의 기본지표 소검사의 위계적 3요인 모형

출처: 이경옥, 박혜원, 이상희(2016).

제9장 잠재변수 구조모형

1. 잠재변수 구조모형의 이해

1) 경로분석과 잠재변수 구조모형 분석의 비교

기존의 경로분석은 측정변수 간의 구조적 관계를 다루고 있다면 구조방정식 모형은 잠재변수 간의 구조적 관계를 다루기 때문에 잠재변수 구조모형이라고도 한다. '모든 측정변수의 측정오차가 없다.'라고 가정하는 경로분석과 달리 측정모형을 포함한 구조모형 분석은 측정변수로부터 추정된 잠재변수와 측정오차를 포함한 구조모형에 기초하여 통계적 검증을 실행한다.

경로분석과 비교하여 잠재변수 구조모형이 지닌 장점은 다음과 같다.

① 측정모형과 함께 구조모형을 분석함으로써 측정의 오차를 통제할 수 있다. 흔히 구조방정식 모형을 요인분석과 경로분석을 결합한 모형이라고 한다. 이때 구조방정식 모형에 기초한 잠재변수 구조모형은 측정변수를 사용한 경로분석보다 잠재변수의 추정값은 측정의 오차를 고려하여 더 정확한 분석결

과를 제공해 준다.

② 경로분석으로도 직접효과와 매개변수를 통한 간접효과를 분석할 수 있으나 경로분석은 여러 개의 회귀분석을 개별적으로 실시한다. 반면, 잠재변수 구조모형은 여러 개의 회귀식을 하나의 모형으로 구성하여 동시에 분석한다. 따라서 경로분석에 비해 통계적 검증력이 뛰어나며 1종오류를 통제할 수 있는 방법이다.

③ 경로분석과 달리 잠재변수 구조모형은 이론적 모형에 대한 통계적 평가가 가능하다. 구조방정식 모형분석에서 제공되는 다양한 적합도 지수는 가설적 모형이 수집된 경험적 자료와 얼마나 부합하는지를 평가한다. 이러한 적합도 지수는 이론에 기초한 가설적 모형에 대한 평가와 더불어 대안적 모형과의 비교를 통한 이론적 검토와 경쟁이론의 비교가 가능하다.

〈구조모형과 인과모형〉

구조방정식 모형을 인과모형이라고 하고 인과관계를 밝히기 위한 통계기법이라고 생각한다. 그러나 구조방정식 모형을 적용한다고 해서 인과관계가 밝혀지는 것은 아니다(인과관계에 대한 설명은 제2장과 제7장 참조). 구조방정식 모형은 공분산 구조방정식(covariance structural modeling)을 사용하여 **구성개념 간의 이론적 구조모형과 경험적 자료의 구조모형을 검토하는 통계기법**이다. 이때 구조모형(structural model)은 잠재변수 간의 인과관계를 나타내는 구조적 관계로 표현되기 때문에 이를 인과모형이라고 부르기도 하지만 **이론모형 혹은 구조모형으로 표현**하는 것이 적절하다.

2) 잠재변수 구조모형의 특성과 기본 가정

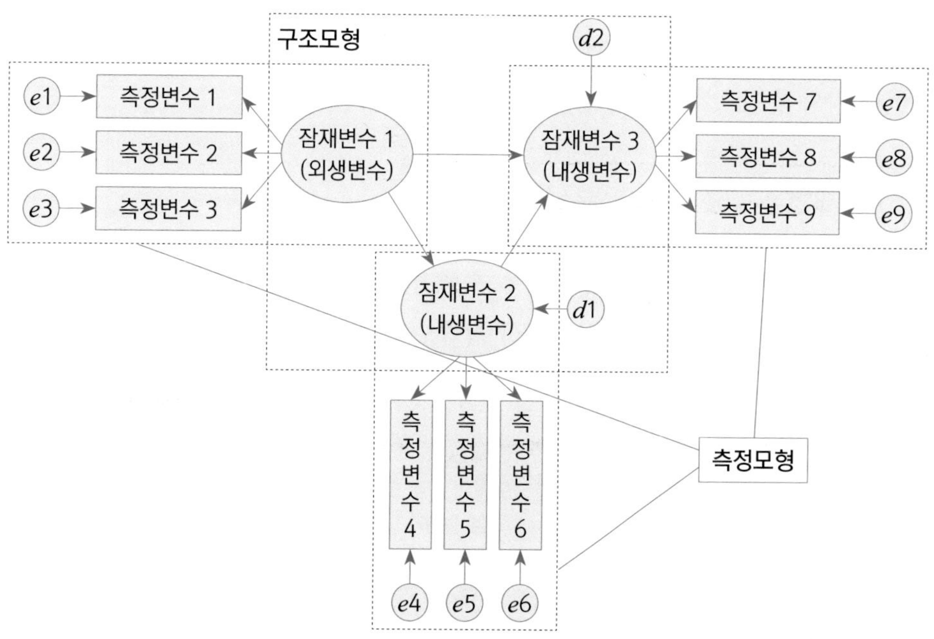

[그림 9-1] 잠재변수 구조모형

잠재변수 구조모형은 측정모형과 구조모형으로 나뉜다. **측정모형**은 측정변수와 잠재변수(요인) 간의 관계를 나타내며 확인적 요인분석 모형과 마찬가지로 측정변수, 잠재변수, 오차변수로 구성된다. 측정모형의 오차변수, e_i는 측정의 오차(measurement errors)를 나타낸다. **구조모형**은 잠재변수 간의 구조적 관계를 나타내는 부분으로 측정변수 대신 잠재변수를 사용한다는 것을 제외하고 경로모형과 동일하다. 구조모형은 외생잠재변수와 내생잠재변수 및 잔차로 구성된다. 구조모형의 잔차(residuals), d_i는 예측오차를 나타낸다.

잠재변수 구조모형의 기본 가정은 다음과 같다.

① 잠재요인과 잔차 간의 상관관계가 없다.
② 잠재요인과 측정오차 간에는 상관관계가 없다.
③ 잔차와 측정오차 간에는 상관관계가 없다.

3) 잠재변수 구조모형의 분석 절차

측정모형을 포함한 구조모형의 경우 수행절차는 일반적인 절차에 따른다. 특히 모형을 구성할 때, 반드시 측정모형의 적합도를 검토한 후, 구조모형의 적합도를 검토하여야 한다.

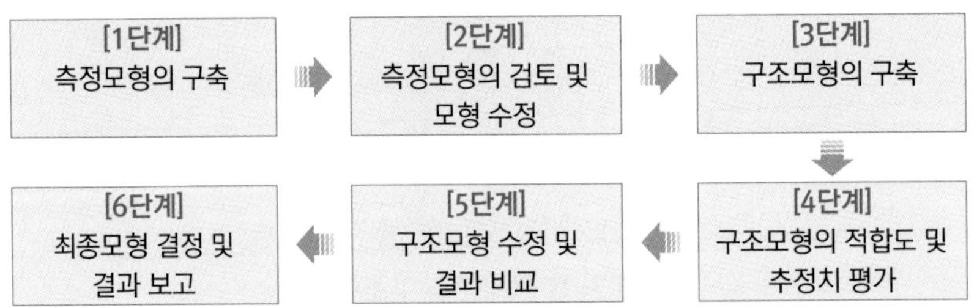

[그림 9-2] 측정모형을 포함한 구조모형 분석 절차

(1) 측정모형의 구축

① 측정변수 만들기

일반적으로 측정변수는 문항이나 하위척도, 혹은 문항 묶음(testlet)으로 구성한다. 일반적으로 잠재변수당 측정변수의 수가 2~3개 이상이 되어야 좋다. 각 측정변수는 보통 하나의 잠재변수에 부하된다(target loading). 그러나 이론적으로 필요한 경우 하나의 측정변수를 여러 개의 잠재변수에 부하(non-target loading)할 수 있으나 이론적으로 신중한 판단이 요구된다.

② 잠재변수 만들기

잠재변수는 연구도구의 하위척도나 전체척도가 되는 경우가 많지만, 잠재변수로서의 이론적 타당성을 고려하여야 한다. 잠재변수를 구성할 때 주의할 점은 일부 측정도구의 경우 여러 개의 하위척도가 하나의 구성개념으로 수렴하지 않는 경우가 있다. 측정모형을 검토하면 잠재변수 구성의 오류를 확인할 수 있다. [그림 9-3]에 잠재변수의 구성 사례를 제시하였다.

[그림 9-3] 잠재변수 구성 사례

③ 측정모형 구축하기

측정모형은 모든 잠재변수 간의 관계는 상관관계(↔)로 설정하여 측정변수와 잠재변수 간의 관계를 검토한다.

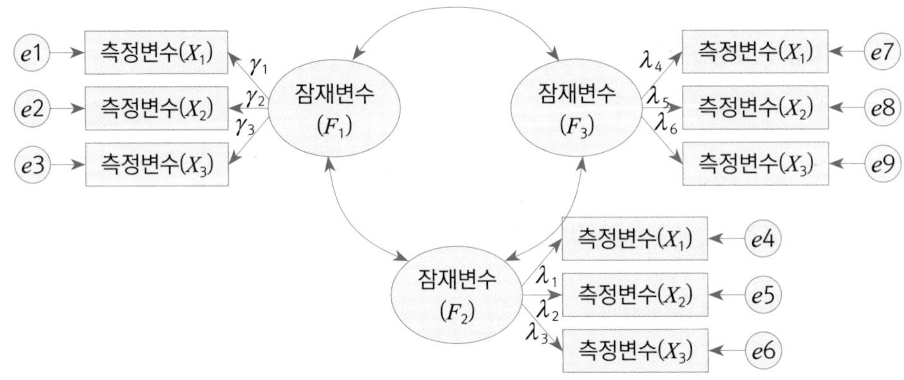

X_i=(요인계수, λ_i)F_j+(오차변량, e_i)

[그림 9-4] 측정모형의 사례

(2) 측정모형의 검토 및 측정모형의 수정

구조모형에 대한 평가에 앞서 측정모형의 적절성을 평가한다. 측정모형에서는 요인계수(요인부하량), 오차변량, 잠재변수의 변량을 추정한다. 특히 측정모형을 평가할 때 잠재변수 간의 관계는 상관관계로 설정한다([그림 9-4] 참조). 측정모형에서 검토할 부분은 다음과 같다.

① χ^2값과 더불어 모형 간 χ^2 차이 값($\Delta\chi^2$), 여러 가지 적합도 지수를 함께 검토한다.

② 요인부하량(factor loading)이 적합한지(일반적으로 >.4)를 검토한다.

③ 잠재요인 간 상관이 적절한지 검토하여 잠재요인 간 변별타당도를 적절히 반영하는지(일반적으로 <.9)를 검토한다.

측정모형의 적합도 지수가 낮을 경우, 구조모형을 평가할 때도 적합도 지수가 낮게 나타나므로 수정지수(MI)를 참고하여 측정모형의 적합도 지수를 높여 주는 것이 좋다. 대체로 측정오차 간 상관을 추가하는 방법이 사용된다. 일반적으로 모형이 복잡할수록 적합도 지수가 낮아지므로 모수를 추가로 추정하면 모형은 더 복잡해질 수밖에 없다. 따라서 수정된 모형이 이론적으로 설명 가능한지를 평가하여 불필요한 모형수정을 피하도록 한다.

(3) 구조모형(잠재변수 간 구조적 관계)의 구성

구조모형은 잠재변수 간 관계를 가설에 기초한 경로(→)로 설정하여 잠재변수 간 구조모형을 구성한다.

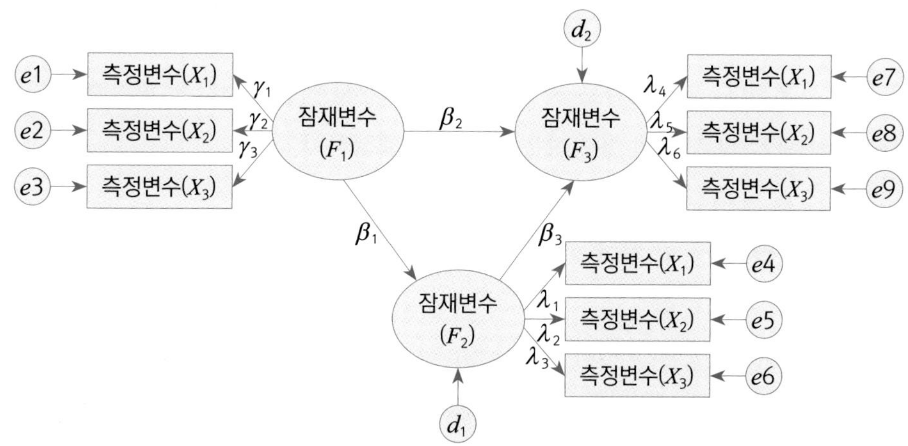

F_2=(경로계수, β_1)F_1+잔차(d_1)
F_3=(경로계수, β_2)F_1+(경로계수, β_3)F_2+잔차(d_2)

[그림 9-5] 구조모형의 사례

(4) 구조모형의 적합도 및 추정치 평가

적합도 평가에 앞서 분석수행에 문제가 없는지 검토한다. 구조모형의 검토에 앞서 측정모형의 적절성을 검토하면 분석과정에서 발생하는 문제를 사전에 방지할 수 있다. 특히 다음과 같은 문제에 유의하여야 한다.

- 자유도가 0보다 작은 미식별 모형(under-identification)이 발생하지 않도록 주의한다.
- 오차변량이 −값을 갖는 문제(Heywood cases)가 발생하지 않는지 검토한다. 이 경우 오차변량(일반적으로 0 또는 .1로)을 고정한다.
- 잠재변수 간의 상관이 너무 높지 않은지 검토한다. 잠재변수 간의 상관이 높으면 잠재변수의 변별력에 문제가 있음을 의미한다.
- 이론적으로 설명 가능한 모형인지를 검토한다.

구조모형의 적합도는 앞서 검토한 측정모형에 기초하여 잠재요인 간의 관계를 설정한 후 검토한다. 적합도 지수는 χ^2 통계값, *GFI*, *NFI*, *TLI*, *CFI*, *RMSEA* 등이 주로 사용된다. 모형적합도 지수를 평가한 후, 모형의 추정값을 평가하여 잠재변수 간의 관계 및 모형의 설명력을 평가하고 해석한다.

(5) 구조모형 수정 및 결과 비교

구조모형의 분석방법으로는 제안된 가설적 구조모형을 검토하는 모형확인 방식, 모든 가능한 경로를 포함한 포화모형(saturated model)에서 출발하여 더 간명한 모형을 산출하거나 간명모형에서 출발하여 수정지수(MI)에 따라 모형을 산출하는 모형산출 방식이 있다. 그러나 제안된 가설적 모형과 더불어 이론적으로 대립하는 대안적 구조모형을 비교하는 모형비교 방식이 가장 선호된다(제7장 구조방정식 모형의 분석방식 참조).

모형비교는 각 모형의 적합도 지수와 함께 모형 간 χ^2 변화량($\Delta\chi^2$)이나 모형의 간명성을 다루는 여러 적합도 지수를 함께 검토한다.

(6) 최종모형 결정 및 결과 보고

이론적으로 설명 가능한 모형의 간명성, χ^2값의 변화량($\Delta\chi^2$), 적합도 지수 등을 비교하여 가장 적합한 모형을 최종모형으로 선정한다. 선정된 최종모형에 기초하여 개별추정값을 검토한다. 추정값은 표준화계수를 사용하여 직접경로 및 간접경로와 함께 제시한다.

4) 잠재변수 구조모형 분석에서 주의사항

(1) 모형 간명성 검토

χ^2값의 변화량($\Delta\chi^2$)을 활용하여 모형을 비교한다. 적합도 지수가 좋다고 해서 최선의 모형(best model)은 아니다. 경쟁모형과 비교하면서 모형 간의 이론적 설명력에 근거하여 최종모형을 선정한다.

① 내재모형(nested model)의 경우, 자유도의 변화량(Δdf)과 χ^2값의 변화량($\Delta\chi^2$)을 검토하여 모형의 간명성을 검토한다.

② 비내재모형(non-nested model), 즉 독립모형의 경우, 자유도의 변화량(Δdf)과 χ^2값의 변화량($\Delta\chi^2$)보다 *RMSEA*나 *TLI*와 같은 적합도지수를 검토하여 간명성과 적합성을 모두 고려하여 모형을 비교한다.

(2) 수정지수의 활용

수정지수(modification index)는 수학적 기초에 의한 제안일 뿐이므로 이론적으로 설명 가능한지를 검토하는 것이 중요하다. 수정지수는 χ^2값이 유의미하게 감소할 수 있는 추가적인 추정값를 제시해 주어 추정값을 추가하여 모형을 수정하도록 도와준다. 일부 구조방정식 프로그램(예: EQS)에서 제공하는 Wald test의 경우, 모수를 제거했을 때 유의미하게 감소하는 χ^2 추정값(parameter)을 제시해 주기도 하나 AMOS에서는 모수를 추가한 경우의 추정값만 제시해 준다.

(3) 매개효과 분석

최종모형 평가에서 매개변수의 효과를 분석할 때 부분매개모형과 완전매개모형의 적합도를 비교해 볼 수 있다. 직접경로가 유의하면서 매개변수를 통한 간접경로도 유의한 부분매개모형과 직접경로는 유의하지 않으면서 매개변수를 통한 간접경로만 유의한 완전매개모형을 그림으로 나타내면 다음과 같다.

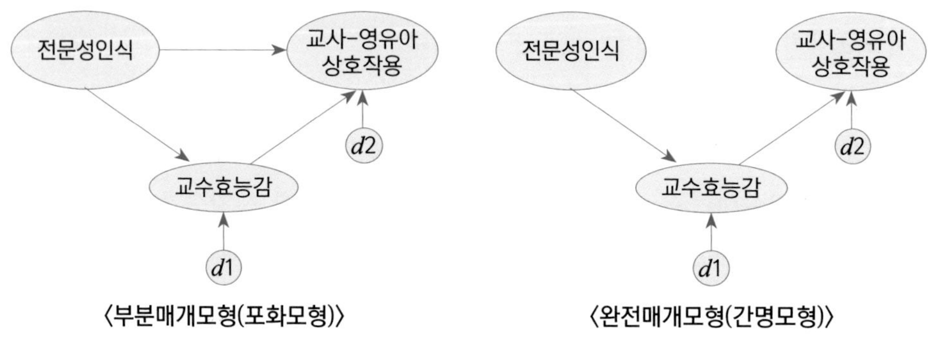

[그림 9-6] 완전매개모형과 부분매개모형

2. AMOS 잠재변수 구조모형 분석사례

1) 분석모형 설정

(1) 측정모형

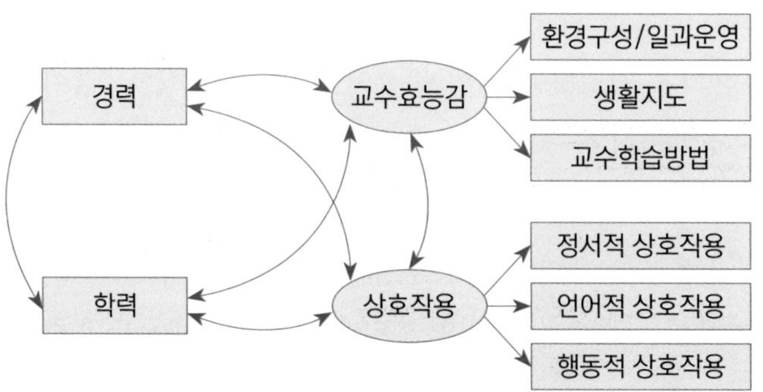

(2) 구조모형: 가설모형(완전매개의 모형)

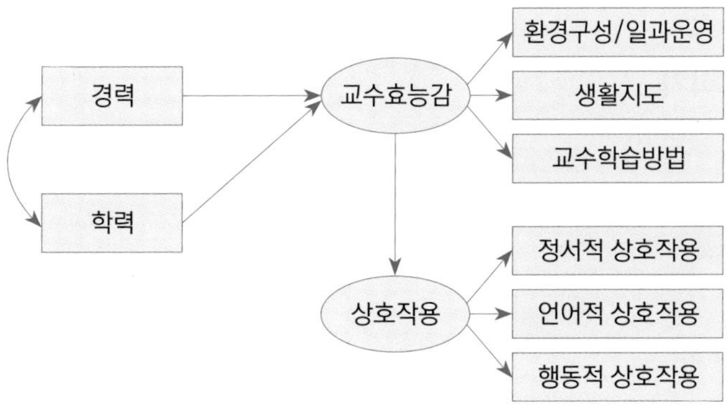

(3) 대안모형 1: 포화모형(모든 경로 포함)

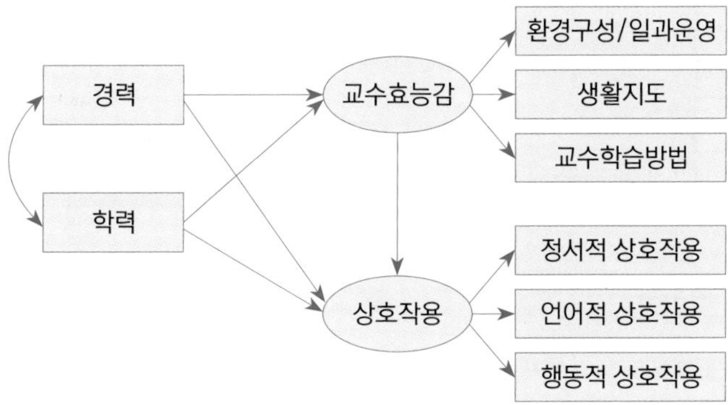

(4) 대안모형 2(경력 → 상호작용 제외)와 대안모형 3(학력 → 상호작용 제외)

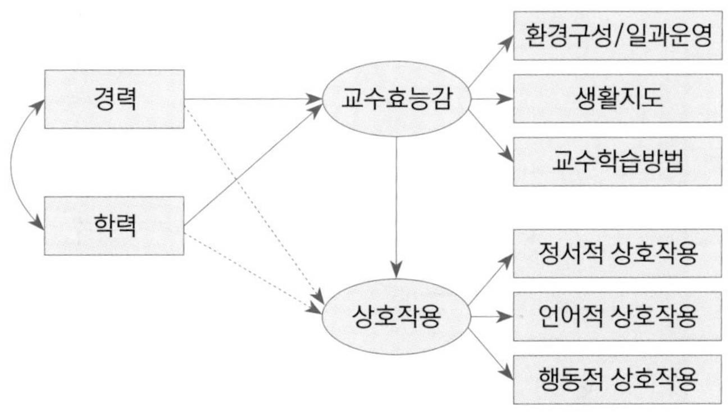

2) AMOS 프로그램 실행하기

(1) 모형 그리기

① 요인구조 그리기

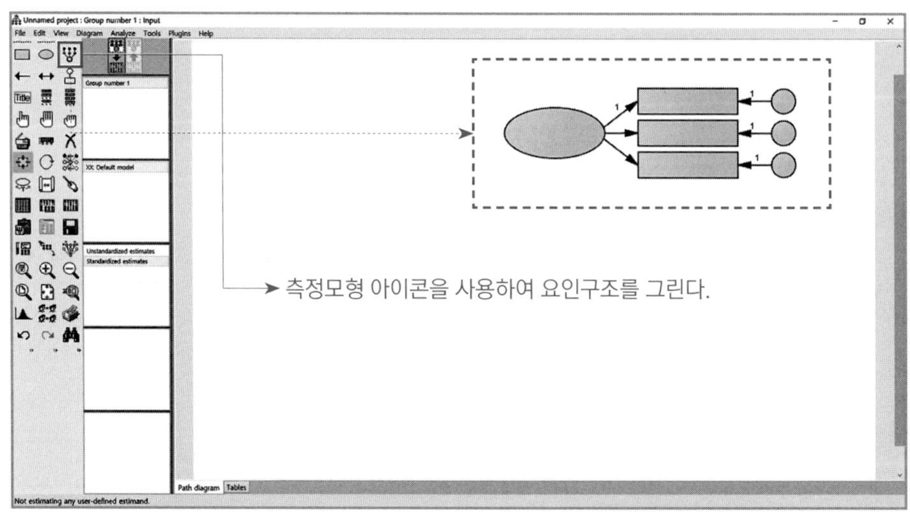

② 측정모형 그리기

회전, 도형크기 조정 및 복사 아이콘을 사용하여 측정모형을 그린다.
이때, 공분산 표시 아이콘으로 요인 간 상관을 표시한다.

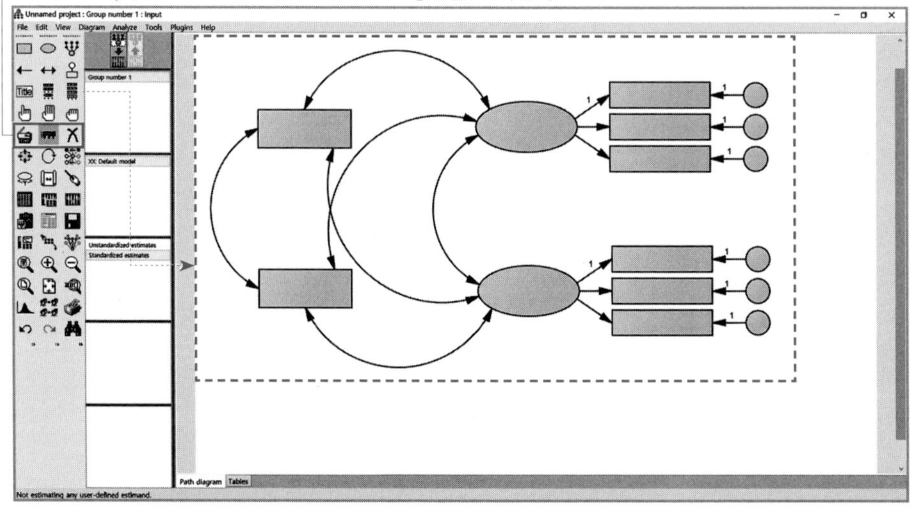

(2) 데이터 파일 연결하기

데이터 파일 열기 아이콘을 선택하여 데이터 파일을 선택한다.

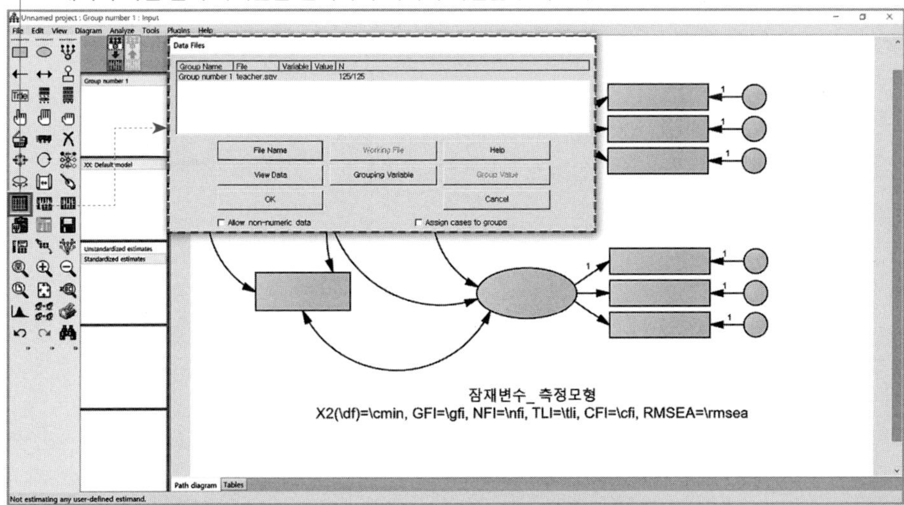

(3) 변수/모수 지정하기

데이터 변수목록 아이콘을 선택한 후 측정변수를 지정한다.

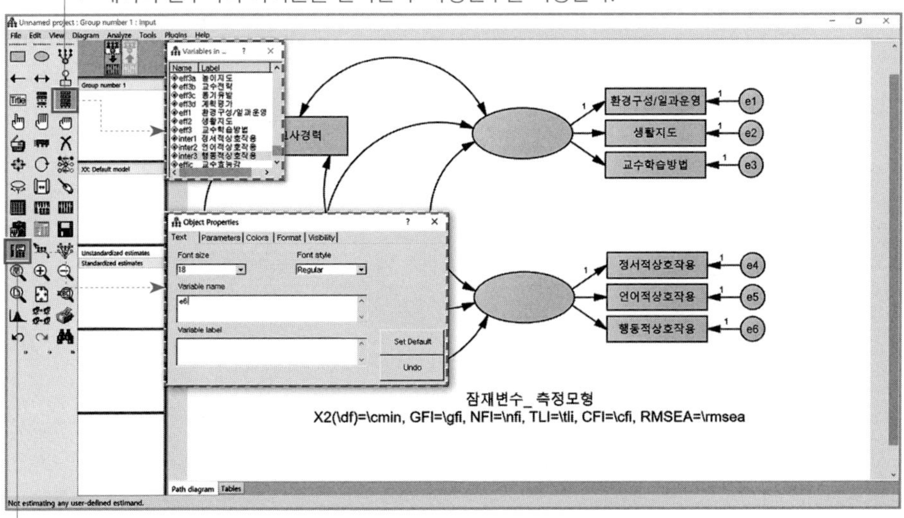

개체속성 아이콘을 선택한 후 잠재변수와 오차변수의 이름을 지정한다.

(4) 분석속성 선택하기

→ 분석속성 설정 아이콘을 사용하여 분석방법을 선택한다.

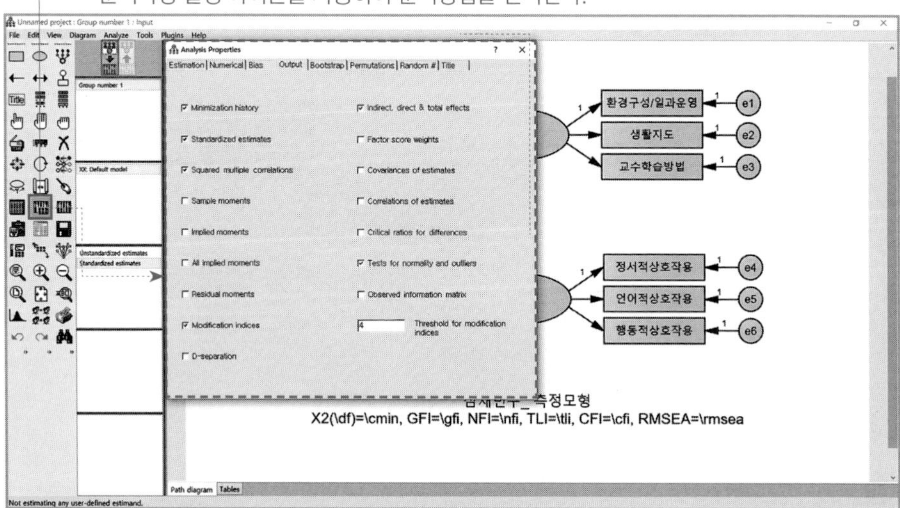

(5) 모형 저장하기

→ 저장 아이콘을 선택하여 완성된 모형을 저장한다.

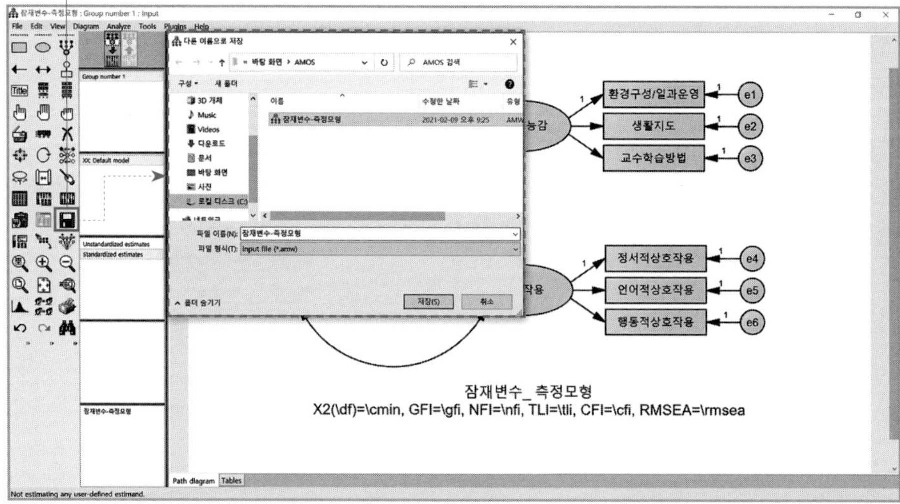

(6) 분석 실행하기

분석실행 아이콘을 클릭하여 분석을 수행한다.

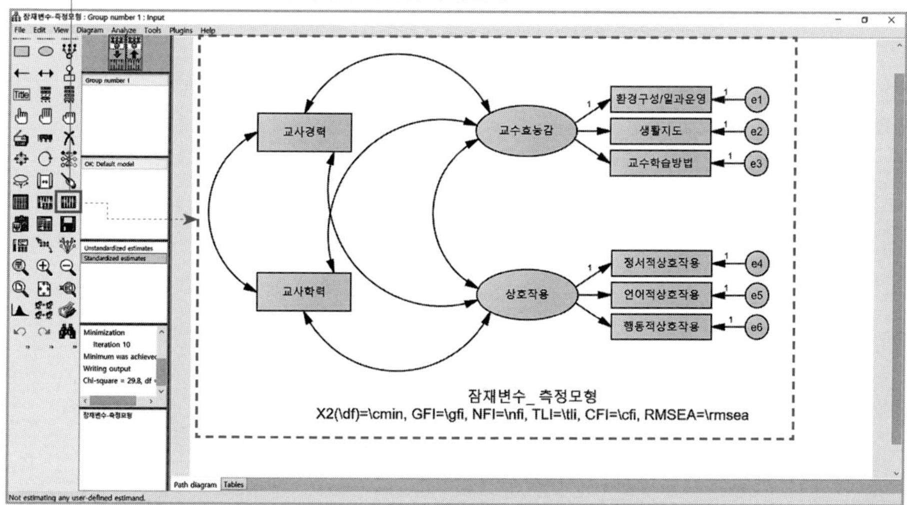

(7) 결과보기

① 작업시트에서 결과보기

① 결과전환 버튼을 클릭하여 작업시트에서 분석결과를 검토한다.

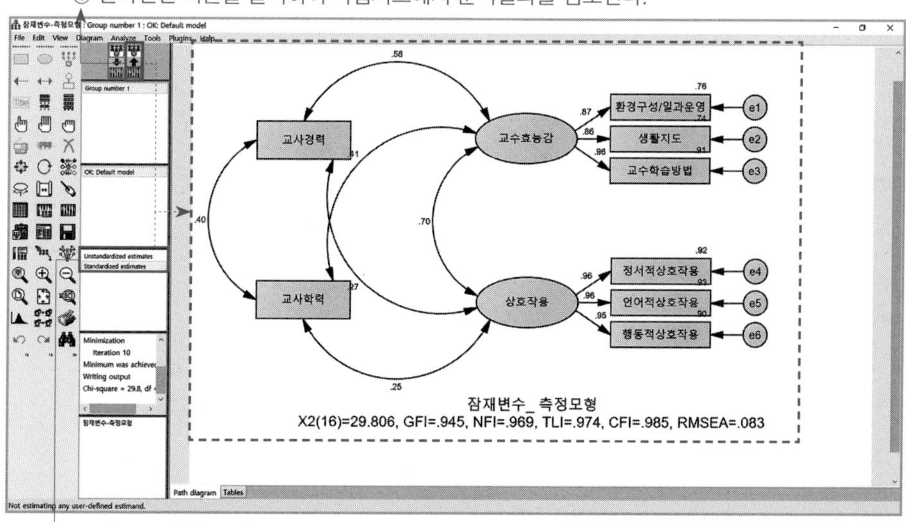

② 표준화추정값을 클릭해 작업시트에서 표준화된 결과를 검토한다.

② 결과파일 열어 결과보기

→ 결과보기 아이콘을 선택하여 결과파일의 상세한 분석결과를 검토한다.

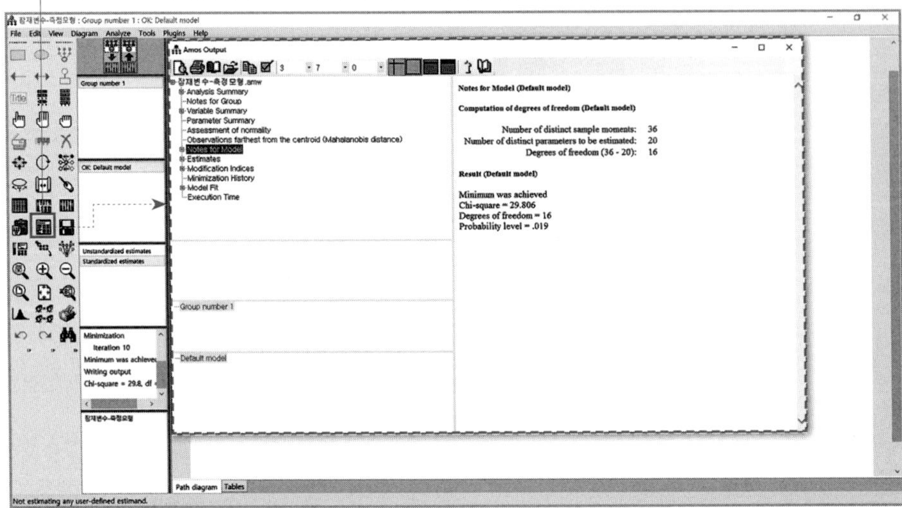

3) AMOS 분석결과

(1) 측정모형

Notes for Group (Group number 1)

The model is recursive.

Sample size=125

Variable Summary (Group number 1)

Your model contains the following variables (Group number 1)

Observed, endogenous variables

교수학습방법(eff3)

생활지도(eff2)

환경구성/일과운영(eff1)

정서적 상호작용(inter1)

언어적 상호작용(inter2)

행동적 상호작용(inter3)

Observed, exogenous variables

교사경력(exp)

교사학력(edu)

Unobserved, exogenous variables

교수효능감(F1)

e3

e2

e1

상호작용(F2)

e4

e5

e6

Variable counts (Group number 1)

Number of variables in your model:	16
Number of observed variables:	8
Number of unobserved variables:	8
Number of exogenous variables:	10
Number of endogenous variables:	6

Parameter Summary (Group number 1)

	Weights	Covariances	Variances	Means	intercepts	Total
Fixed	8	0	0	0	0	8
Labeled	0	0	0	0	0	0
Unlabeled	4	6	10	0	0	20
Total	12	6	10	0	0	28

Notes for Model (Default model)

Computation of degrees of freedom (Default model)

Number of distinct sample moments:	36
Number of distinct parameters to be estimated:	20
Degrees of freedom (36−20):	16

…

- 분산(28), 공분산(8) = 자료(36)
- 회귀(4) + 공분산(6) + 분산(10) = 총모수(20)
- $df = 36 - 20 = 16$

Result (Default model)

Minimum was achieved

Chi-square=29.806

Degrees of freedom=16

Probability level=.019

Estimates (Group number 1 – Default model)

Scalar Estimates (Group number 1 – Default model)

Maximum Likelihood Estimates

Regression Weights: (Group number 1 – Default model)

			Estimate	S.E.	C.R.	P	Label
교수학습방법(eff3)	←	교수효능감(F1)	1.000				
생활지도(eff2)	←	교수효능감(F1)	.831	.054	15.325	***	
환경구성/일과운영(eff1)	←	교수효능감(F1)	.941	.059	15.862	***	
정서적 상호작용(inter1)	←	상호작용(F2)	1.000				
언어적 상호작용(inter2)	←	상호작용(F2)	.964	.037	25.990	***	
행동적 상호작용(inter3)	←	상호작용(F2)	.937	.039	24.236	***	

Standardized Regression Weights: (Group number 1 – Default model)

			Estimate
교수학습방법(eff3)	←	교수효능감(F1)	.955
생활지도(eff2)	←	교수효능감(F1)	.860
환경구성/일과운영(eff1)	←	교수효능감(F1)	.872
정서적 상호작용(inter1)	←	상호작용(F2)	.960
언어적 상호작용(inter2)	←	상호작용(F2)	.962
행동적 상호작용(inter3)	←	상호작용(F2)	.949

• 요인부하량 검토 >.4

Covariances: (Group number 1 – Default model)

			Estimate	S.E.	C.R.	P	Label
교사경력(exp)	↔	교사학력(edu)	.302	.074	4.100	***	
교사경력(exp)	↔	상호작용(F2)	.140	.049	2.842	.044	
교사학력(edu)	↔	상호작용(F2)	.088	.033	2.652	.008	
교수효능감(F1)	↔	상호작용(F2)	.190	.031	6.086	***	
교사경력(exp)	↔	교수효능감(F1)	.339	.063	5.404	***	
교사학력(edu)	↔	교수효능감(F1)	.163	.040	4.089	***	

Correlations: (Group number 1 – Default model)

			Estimate
교사경력(exp)	<->	교사학력(edu)	.396
교사경력(exp)	<->	상호작용(F2)	.268
교사학력(edu)	<->	상호작용(F2)	.249
교수효능감(F1)	<->	상호작용(F2)	.698
교사경력(exp)	<->	교수효능감(F1)	.576
교사학력(edu)	<->	교수효능감(F1)	.408

• 요인간 상관 <.9

Variances: (Group number 1 – Default model)

	Estimate	S.E.	C.R.	P	Label
교사경력(exp)	1.128	.143	7.874	***	
교사학력(edu)	.517	.066	7.874	***	
교수효능감(F1)	.307	.043	7.066	***	
상호작용(F2)	.242	.033	7.237	***	
e3	.030	.009	3.131	.002	
e2	.075	.012	6.444	***	
e1	.086	.014	6.254	***	
e4	.021	.004	4.901	***	
e5	.018	.004	4.714	***	
e6	.023	.004	5.593	***	

Modification Indices (Group number 1 – Default model)

Covariances: (Group number 1 – Default model)

			M.I.	Par Change
e6	<->	교수효능감(F1)	5.340	-.013
e5	<->	상호작용(F2)	4.163	-.011
e5	<->	교수효능감(F1)	8.917	.016
e5	<->	교사학력(edu)	4.355	.020
e5	<->	교사경력(exp)	10.128	-.040
e4	<->	교사경력(exp)	4.135	.027
e3	<->	e5	11.702	.013

Variances: (Group number 1 – Default model)

			M.I.	Par Change

Regression Weights: (Group number 1 – Default model)

			M.I.	Par Change
언어적 상호작용(inter2)	<---	교수학습방법(eff3)	4.101	.053

Model Fit Summary

CMIN

Model	NPAR	CMIN	DF	P	CMIN/DF
Default model	20	29.806	16	.019	1.863
Saturated model	36	.000	0		
Independence model	8	957.412	28	.000	34.193

RMR, GFI

Model	RMR	GFI	AGFI	PGFI
Default model	.008	.945	.875	.420
Saturated model	.000	1.000		
Independence model	.180	.299	.098	.232

Baseline Comparisons

Model	NFI Delta1	RFI rho1	IFI Delta2	TLI rho2	CFI
Default model	.969	.946	.985	.974	.985
Saturated model	1.000		1.000		1.000
Independence model	.000	.000	.000	.000	.000

RMSEA

Model	RMSEA	LO 90	HI 90	PCLOSE
Default model	.083	.033	.129	.115
Independence model	.517	.490	.546	.000

(2) 가설모형

Parameter Summary (Group number 1)

	Weights	Covariances	Variances	Means	intercepts	Total
Fixed	10	0	0	0	0	10
Labeled	0	0	0	0	0	0
Unlabeled	7	1	10	0	0	18
Total	17	1	10	0	0	28

Notes for Model (Default model)

Computation of degrees of freedom (Default model)

Number of distinct sample moments:	36
Number of distinct parameters to be estimated:	18
Degrees of freedom (36-18):	18

- 분산(28)+공분산(8)=자료(36)
- 회귀(7)+공분산(1)+분산(10)=총모수(18)
- $df=36-18=18$

Result (Default model)

Minimum was achieved

Chi-square=35.299

Degrees of freedom=18

Probability level=.009

Estimates (Group number 1 − Default model)

Scalar Estimates (Group number 1 − Default model)

Maximum Likelihood Estimates

Regression Weights: (Group number 1 − Default model)

			Estimate	S.E.	C.R.	P	Label
교수효능감(F1)	←	교사학력(edu)	.166	.063	2.622	.009	
교수효능감(F1)	←	교사경력(exp)	.252	.043	5.846	***	
상호작용(F2)	←	교수효능감(F1)	.611	.066	9.321	***	
교수학습방법(eff3)	←	교수효능감(F1)	1.000				
생활지도(eff2)	←	교수효능감(F1)	.825	.054	15.249	***	
환경구성/일과운영(eff1)	←	교수효능감(F1)	.936	.059	15.850	***	
정서적 상호작용(inter1)	←	상호작용(F2)	1.000				
언어적 상호작용(inter2)	←	상호작용(F2)	.961	.037	25.919	***	
행동적 상호작용(inter3)	←	상호작용(F2)	.936	.038	24.485	***	

Standardized Regression Weights: (Group number 1 – Default model)

			Estimate
교수효능감(F1)	←	교사학력(edu)	.214
교수효능감(F1)	←	교사경력(exp)	.480
상호작용(F2)	←	교수효능감(F1)	.690
교수학습방법(eff3)	←	교수효능감(F1)	.959
생활지도(eff2)	←	교수효능감(F1)	.858
환경구성/일과운영(eff1)	←	교수효능감(F1)	.871
정서적 상호작용(inter1)	←	상호작용(F2)	.961
언어적 상호작용(inter2)	←	상호작용(F2)	.960
행동적 상호작용(inter3)	←	상호작용(F2)	.950

… • Estimate: 경로계수 (β값)

… • Estimate: 요인부하량

Covariances: (Group number 1 – Default model)

			Estimate	S.E.	C.R.	P	Label
교사경력(exp)	↔	교사학력(edu)	.302	.074	4.100	***	

Correlations: (Group number 1 – Default model)

			Estimate
교사경력(exp)	↔	교사학력(edu)	.396

Variances: (Group number 1 – Default model)

	Estimate	S.E.	C.R.	P	Label
교사경력(exp)	1.128	.143	7.874	***	
교사학력(edu)	.517	.066	7.874	***	
d1	.199	.029	6.866	***	
d2	.127	.019	6.768	***	
e3	.027	.010	2.783	.005	
e2	.076	.012	6.448	***	
e1	.087	.014	6.225	***	
e4	.020	.004	4.786	***	
e5	.019	.004	4.851	***	
e6	.023	.004	5.549	***	

Squared Multiple Correlations: (Group number 1 – Default model)

	Estimate
교수효능감(F1)	.358
상호작용(F2)	.476
행동적 상호작용(inter3)	.902
언어적 상호작용(inter2)	.922
정서적 상호작용(inter1)	.923
환경구성/일과운영(eff1)	.758
생활지도(eff2)	.736
교수학습방법(eff3)	.920

Modification Indices (Group number 1 – Default model)

Covariances: (Group number 1 – Default model)

			M.I.	Par Change
e5	<-->	교사학력(edu)	7.122	.027
e5	<-->	교사경력(exp)	5.522	−.035
e5	<-->	d1	5.470	.017
e3	<-->	e5	11.170	.013

Variances: (Group number 1 – Default model)

			M.I.	Par Change

Regression Weights: (Group number 1 – Default model)

			M.I.	Par Change
언어적 상호작용(inter2)	<---	교수학습방법(eff3)	4.321	.055

Model Fit Summary

CMIN

Model	NPAR	CMIN	DF	P	CMIN/DF
Default model	18	35.299	18	.009	1.961
Saturated model	36	.000	0		
Independence model	8	957.412	28	.000	34.193

RMR, GFI

Model	RMR	GFI	AGFI	PGFI
Default model	.020	.939	.878	.469
Saturated model	.000	1.000		
Independence model	.180	.299	.098	.232

Baseline Comparisons

Model	NFI Delta1	RFI rho1	IFI Delta2	TLI rho2	CFI
Default model	.963	.943	.982	.971	981
Saturated model	1.000		1.000		1.000
Independence model	.000	.000	.000	.000	.000

RMSEA

Model	RMSEA	LO 90	HI 90	PCLOSE
Default model	.088	.043	.131	.075
Independence model	.517	.490	.546	.000

(3) 대안모형 1(학력 → 상호작용 직접 경로 제외)

Notes for Model (Default model)

Computation of degrees of freedom (Default model)

Number of distinct sample moments:	36
Number of distinct parameters to be estimated:	19
Degrees of freedom (36 - 19):	17

Result (Default model)

Minimum was achieved

Chi-square=29.807

Degrees of freedom=17

Probability level=.028

Estimates (Group number 1 – Default model)

Scalar Estimates (Group number 1 – Default model)

Maximum Likelihood Estimates

Regression Weights: (Group number 1 – Default model)

			Estimate	S.E.	C.R.	P	Label
교수효능감(F1)	←	교사학력(edu)	.164	.063	2.627	.017	
교수효능감(F1)	←	교사경력(exp)	.256	.043	6.005	***	
상호작용(F2)	←	교수효능감(F1)	.721	.081	8.936	***	
상호작용(F2)	←	교사경력(exp)	−.092	.039	−2.382	.808	
교수학습방법(eff3)	←	교수효능감(F1)	1.000				
생활지도(eff2)	←	교수효능감(F1)	.831	.054	15.325	***	
환경구성/일과운영(eff1)	←	교수효능감(F1)	.941	.059	15.864	***	
정서적 상호작용(inter1)	←	상호작용(F2)	1.000				
언어적 상호작용(inter2)	←	상호작용(F2)	.964	.037	25.992	***	
행동적 상호작용(inter3)	←	상호작용(F2)	.937	.039	24.231	***	

Standardized Regression Weights: (Group number 1 – Default model)

			Estimate
교수효능감(F1)	←	교사학력(edu)	.213
교수효능감(F1)	←	교사경력(exp)	.491
상호작용(F2)	←	교수효능감(F1)	.813
상호작용(F2)	←	교사경력(exp)	−.199
교수학습방법(eff3)	←	교수효능감(F1)	.955
생활지도(eff2)	←	교수효능감(F1)	.860
환경구성/일과운영(eff1)	←	교수효능감(F1)	.872
정서적 상호작용(inter1)	←	상호작용(F2)	.960
언어적 상호작용(inter2)	←	상호작용(F2)	.962
행동적 상호작용(inter3)	←	상호작용(F2)	.949

Covariances: (Group number 1 – Default model)

			Estimate	S.E.	C.R.	P	Label
교사경력(exp)	↔	교사학력(edu)	.302	.074	4.100	***	

Correlations: (Group number 1 – Default model)

			Estimate
교사경력(exp)	↔	교사학력(edu)	.396

Variances: (Group number 1 – Default model)

	Estimate	S.E.	C.R.	P	Label
교사경력(exp)	1.128	.143	7.874	***	
교사학력(edu)	.517	.066	7.874	***	
d1	.194	.028	6.799	***	
d2	.118	.018	6.540	***	
e3	.030	.009	3.129	.002	
e2	.075	.012	6.445	***	
e1	.086	.014	6.254	***	
e4	.021	.004	4.903	***	
e5	.018	.004	4.711	***	
e6	.023	.004	5.594	***	

Squared Multiple Correlations: (Group number 1 – Default model)

			Estimate
교수효능감(F1)			.370
상호작용(F2)			.514
행동적 상호작용(inter3)			.901
언어적 상호작용(inter2)			.925
정서적 상호작용(inter1)			.921
환경구성/일과운영(eff1)			.760
생활지도(eff2)			.740
교수학습방법(eff3)			.912

Matrices (Group number 1 – Default model)

Total Effects (Group number 1 – Default model)

	교사학력(edu)	교사경력(exp)	교수효능감(F1)	상호작용(F2)
교수효능감(F1)	.164	.256	.000	.000
상호작용(F2)	.119	.093	.721	.000
행동적 상호작용(inter3)	.111	.087	.676	.937
언어적 상호작용(inter2)	.114	.089	.696	.964
정서적 상호작용(inter1)	.119	.093	.721	1.000
환경구성/일과운영(eff1)	.155	.241	.941	.000
생활지도(eff2)	.137	.213	.831	.000
교수학습방법(eff3)	.164	.256	1.000	.000

Standardized Total Effects (Group number 1 – Default model)

	교사학력(edu)	교사경력(exp)	교수효능감(F1)	상호작용(F2)
교수효능감(F1)	.213	.491	.000	.000
상호작용(F2)	.173	.200	.813	.000
행동적 상호작용(inter3)	.165	.190	.772	.949
언어적 상호작용(inter2)	.167	.192	.782	.962
정서적 상호작용(inter1)	.166	.192	.780	.960
환경구성/일과운영(eff1)	.186	.428	.872	.000
생활지도(eff2)	.183	.422	.860	.000
교수학습방법(eff3)	.204	.469	.955	.000

Direct Effects (Group number 1 – Default model)

	교사학력(edu)	교사경력(exp)	교수효능감(F1)	상호작용(F2)
교수효능감(F1)	.164	.256	.000	.000
상호작용(F2)	.000	–.092	.721	.000
행동적 상호작용(inter3)	.000	.000	.000	.937
언어적 상호작용(inter2)	.000	.000	.000	.964
정서적 상호작용(inter1)	.000	.000	.000	1.000
환경구성/일과운영(eff1)	.000	.000	.941	.000
생활지도(eff2)	.000	.000	.831	.000
교수학습방법(eff3)	.000	.000	1.000	.000

Standardized Direct Effects (Group number 1 – Default model)

	교사학력(edu)	교사경력(exp)	교수효능감(F1)	상호작용(F2)
교수효능감(F1)	.213	.491	.000	.000
상호작용(F2)	.000	–.199	.813	.000
행동적 상호작용(inter3)	.000	.000	.000	.949
언어적 상호작용(inter2)	.000	.000	.000	.962
정서적 상호작용(inter1)	.000	.000	.000	.960
환경구성/일과운영(eff1)	.000	.000	.872	.000
생활지도(eff2)	.000	.000	.860	.000
교수학습방법(eff3)	.000	.000	.955	.000

Indirect Effects (Group number 1 – Default model)

	교사학력(edu)	교사경력(exp)	교수효능감(F1)	상호작용(F2)
교수효능감(F1)	.000	.000	.000	.000
상호작용(F2)	.119	.185	.000	.000
행동적 상호작용(inter3)	.111	.087	.676	.000
언어적 상호작용(inter2)	.114	.089	.696	.000
정서적 상호작용(inter1)	.119	.093	.721	.000
환경구성/일과운영(eff1)	.155	.241	.000	.000
생활지도(eff2)	.137	.213	.000	.000
교수학습방법(eff3)	.164	.256	.000	.000

Standardized Indirect Effects (Group number 1 – Default model)

	교사학력(edu)	교사경력(exp)	교수효능감(F1)	상호작용(F2)
교수효능감(F1)	.000	.000	.000	.000
상호작용(F2)	.173	.399	.000	.000
행동적 상호작용(inter3)	.165	.190	.772	.000
언어적 상호작용(inter2)	.167	.192	.782	.000
정서적 상호작용(inter1)	.166	.192	.780	.000
환경구성/일과운영(eff1)	.186	.428	.000	.000
생활지도(eff2)	.183	.422	.000	.000
교수학습방법(eff3)	.204	.469	.000	.000

Modification Indices (Group number 1 – Default model)

Covariances: (Group number 1 – Default model)

			M.I.	Par Change
e5	<-->	교사학력(edu)	6.876	.026
e5	<-->	교사경력(exp)	4.294	-.030
e5	<-->	d1	4.061	.014
e5	<-->	d2	4.204	-.011
e3	<-->	e5	11.731	.013

Variances: (Group number 1 – Default model)

			M.I.	Par Change

Regression Weights: (Group number 1 – Default model)

			M.I.	Par Change
언어적 상호작용(inter2)	<---	교수학습방법(eff3)	4.099	.053

Model Fit Summary

CMIN

Model	NPAR	CMIN	DF	P	CMIN/DF
Default model	19	29.809	17	.028	1.753
Saturated model	36	.000	0		
Independence model	8	957.412	28	.000	34.193

RMR, GFI

Model	RMR	GFI	AGFI	PGFI
Default model	.008	.944	.882	.446
Saturated model	.000	1.000		
Independence model	.180	.299	.098	.232

Baseline Comparisons

Model	NFI Delta1	RFI rho1	IFI Delta2	TLI rho2	CFI
Default model	.969	.949	.986	.977	.986
Saturated model	1.000		1.000		1.000
Independence model	.000	.000	.000	.000	.000

RMSEA

Model	RMSEA	LO 90	HI 90	PCLOSE
Default model	.078	.026	.123	.152
Independence model	.517	.490	.546	.000

(4) 대안모형 2(경력 → 상호작용 직접 경로 제외)

Parameter Summary (Group number 1)

	Weights	Covariances	Variances	Means	intercepts	Total
Fixed	10	0	0	0	0	10
Labeled	0	0	0	0	0	0
Unlabeled	8	1	10	0	0	19
Total	18	1	10	0	0	29

Notes for Model (Default model)

Computation of degrees of freedom (Default model)

Number of distinct sample moments:	36
Number of distinct parameters to be estimated:	19
Degrees of freedom (36-19):	17

Result (Default model)

Minimum was achieved

Chi-square=35.029

Degrees of freedom=17

Probability level=.006

Estimates (Group number 1 – Default model)

Scalar Estimates (Group number 1 – Default model)

Maximum Likelihood Estimates

Regression Weights: (Group number 1 – Default model)

Model Fit Summary

CMIN

Model	NPAR	CMIN	DF	P	CMIN/DF
Default model	19	35.029	17	.006	2.061
Saturated model	36	.000	0		
Independence model	8	957.412	28	.000	34.193

RMR, GFI

Model	RMR	GFI	AGFI	PGFI
Default model	.019	.940	.873	.444
Saturated model	.000	1.000		
Independence model	.180	.299	.098	.232

Baseline Comparisons

Model	NFI Delta1	RFI rho1	IFI Delta2	TLI rho2	CFI
Default model	.963	.940	.981	.968	.981
Saturated model	1.000		1.000		1.000
Independence model	.000	.000	.000	.000	.000

RMSEA

Model	RMSEA	LO 90	HI 90	PCLOSE
Default model	.092	.048	.136	.057
Independence model	.517	.490	.546	.000

4) 결과보고

〈표 9-1〉 모형적합도 비교

모형	χ^2	*df*	*p*	*GFI*	*NFI*	*TLI*	*CFI*	*RMSEA*
가설모형	35.299	18	.009	.939	.963	.971	.981	.088(.043, .131)
대안모형 1	29.809	17	.028	.944	.969	.977	.986	.078(.026, .123)
대안모형 2	35.029	17	.006	.940	.963	.968	.981	.092(.048, .136)

대안모형 1: 학력 → 상호작용 직접 경로 제외
대안모형 2: 경력 → 상호작용 직접 경로 제외

측정모형의 적합도 지수는 $\chi^2(16)=29.806$, $p=.019$이고, $GFI=.945$, $NFI=.969$, $TLI=.974$, $CFI=.985$로 나타났다. 수정지수를 검토한 결과, 오차변량 간 상관 등이 제안되었으나 모형 수정 없이 구조모형을 검토하였다. 학력 → 교사-유아 상호작용과 경력 → 교사-유아 상호작용에 이르는 직접 경로를 제외한 가설모형의 적합도 지수는 $\chi^2(18)=35.299$, $p=.009$, $GFI=.939$, $NFI=.963$, $TLI=.971$, $CFI=.981$이었다. 학력 → 교사-유아 상호작용에 이르는 직접 경로를 제외한 대안모형 1의 적합도 지수는 $\chi^2(17)=29.809$, $p=.028$, $GFI=.944$, $NFI=.969$, $TLI=.977$, $CFI=.986$으로, 가설모형과 비교할 때 적합도 지수의 차이($\Delta\chi^2=5.49$, $\Delta df=1$)가 유의하여 대안모형 1이 더 적합함을 알 수 있다. 반면, 경력 → 교사-유아 상호작용에 이르는 직접 경로를 제외한 대안모형 2의 적합도 지수는 $\chi^2(17)=35.029$, $p=.006$, $GFI=.940$, $NFI=.963$, $TLI=.968$, $CFI=.981$로, 가설모형과 비교할 때 적합도 지수의 차이($\Delta\chi^2=.2$, $\Delta df=1$)는 유의하지 않았다. 따라서 대안모형 1에 기초하여 그 결과를 살펴보았다([그림 9-7]).

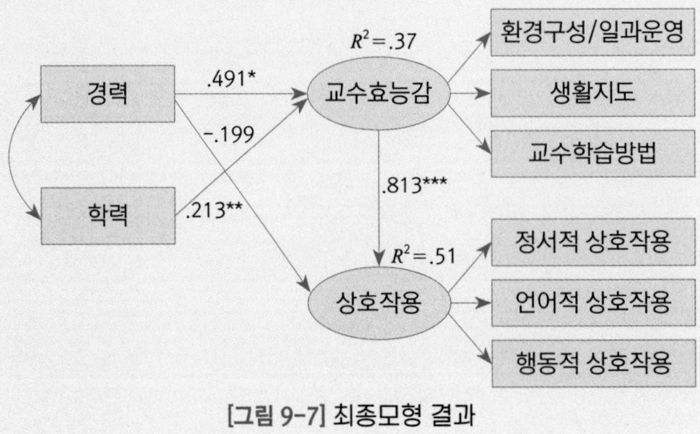

[그림 9-7] 최종모형 결과

〈표 9-2〉 대안모형1의 직접효과, 간접효과, 전체효과

		경력	학력	교수효능감
교수효능감	직접효과	.491**	.213*	–
	간접효과	–	–	–
	전체효과	.491**	.213**	–
교사-영유아 상호작용	직접효과	−.199	–	.813**
	간접효과	.399**	.173**	–
	전체효과	.200	.173	.813**

경력에서 교사-유아 상호작용에 이르는 직접 경로(−.199, *ns*)로 유의하지 않았으나 교수효능감을 매개로 한 간접경로(.388, $p<.001$)는 유의하였다. 또한 학력은 교수효능감을 매개로 교사-유아 상호작용에 이르는 간접경로(.173)가 통계적으로 유의하였다. 따라서 교수효능감은 경력과 학력이 교사-유아 상호작용에 미치는 영향을 매개하고 있음을 알 수 있다.

5) 문헌사례

유아의 성별, 부모의 경제교육행동, 기본생활습관(절제), 자기조절능력과 유아의 경제생활습관과 관련성을 보다 구조적으로 분석하기 위하여 AMOS 프로그램을 사용한 구조방정식 모형을 적용하여 앞서 제시한 가설적 모형을 평가하였다.

본 연구의 적합도 지수를 알아본 결과, 측정모형의 $\chi^2(81)=116.912$, $p=.01$, $\chi^2/df=1.44$이었고, $GFI=.876$, $TLI=.912$, $CFI=.932$, $RMSEA=.064$였다. 측정모형의 적합도를 향상시키기 위하여 MI(Modification Index)에 기초하여 부모의 경제교육행동의 하위요소인 '물자절약'과 '재활용', 유아의 자기조절능력의 하위요소인 '자기평가'와 '자기 결정'의 측정오차 간의 상관관계를 설정한 측정모형로 수정하였다. 분석결과, 수정된 측정 모형의 적합도는 $\chi^2(79)=103.159$, $p=.05$, $\chi^2/df=1.31$, $GFI=.893$, $TLI=.939$, $CFI=.954$, $RMSEA=.053$으로 적합하였다(〈표 9-3〉 참조). 수정된 측정모형을 바탕으로 가설적 모형을 구성하고 적합도를 검토한 결과, $\chi^2(82)=129.401$, $p<.01$, $\chi^2/df=1.58$이었고, $GFI=.878$, $TLI=.885$, $CFI=.910$, $RMSEA=.074$로 나타났다.

유아기의 경제교육은 기본생활습관(절제)을 통하여 바람직한 소비생활로 연계될 수 있도록 교육하고 있으며, 유아의 자기조절능력을 증진시킨다는 선행연구에 기초하여 대안 모형을 선정하였다. 대안모형에서는 부모의 경제교육행동이 유아의 기본생활습관(절제)과 자기조절능력과 관련이 있는 것으로 보고 이를 모형에 추가하였다.

대안적 구조모형의 적합도는 $\chi^2(80)=103.843$, $p=.05$, $\chi^2/df=1.30$, $GFI=.892$, $TLI=.941$, $CFI=.965$, $RMSEA=.053(.201, .233)$으로 나타났다. 또한 가설적 구조모형과 대안적 구조모형을 비교해 본 결과 $\Delta\chi^2(2)=25.558$, $p<.05$로 대안적 모형의 모형적합도가 유의하게 상승하는 것으로 나타났다. 측정모형, 가설적 구조모형, 대안적 구조모형의 적합도 지수를 〈표 9-3〉에 요약하여 제시하였다.

〈표 9-3〉 측정모형, 구조 기본모형, 대안모형의 적합도 비교

구분		χ^2	df	GFI	TLI	CFI	$RMSEA$	χ^2/df	Δdf
수정된 측정모형		103.159**	79	.893	.939	.954	.053(.201, .233)	1.31	
구조 모형	가설적 모형	129.401**	82	.878	.885	.910	.074(.201, .233)	1.58	
	대안 모형	103.843*	80	.892	.941	.955	.053(.201, .233)	1.30	25.558*

$^{**}p<.01$, $^{*}p<.05$

이에 이 연구에서는 대안적 모형에 기초하여 각 변인들 간의 표준화 경로계수와 유의수준, 그리고 변인 간의 직·간접적 경로의 효과를 [그림 9-8]과 〈표 9-4〉에 요약하여 제시하였다.

〈표 9-4〉 최종 구조모형에 대한 경로계수 및 직·간접 효과분석

기준변인	예측변인	β	SE	CR	전체효과	직접효과	간접효과	R^2
부모의 경제교육행동	성별	.85	.55	1.55	.16	.16		.03
자기조절능력	성별	1.52	.76	1.99	.29	.20*	.09	.40
	부모의 경제교육행동	.87	.21	4.24	.57	.57***		
기본생활습관(절제)	성별	.15	.36	.41	.26	.04	.22	.61
	부모의 경제교육행동	−.02	.11	−.21	.42	−.03	.45	
	자기조절능력	.37	.08	4.39	.79	.79***		
유아의 경제생활습관	성별				.16		.16	.77
	부모의 경제교육행동	.43	.11	3.82	.85	.83***	.02	
	자기조절능력	−.07	.10	−.78	.05	−.21	.26	
	기본생활습관(절제)	.25	.18	1.40	.34	.34†		

$^{***}p<.001$, $^{**}p<.01$, $^{*}p<.05$, $^{\dagger}p<.10$

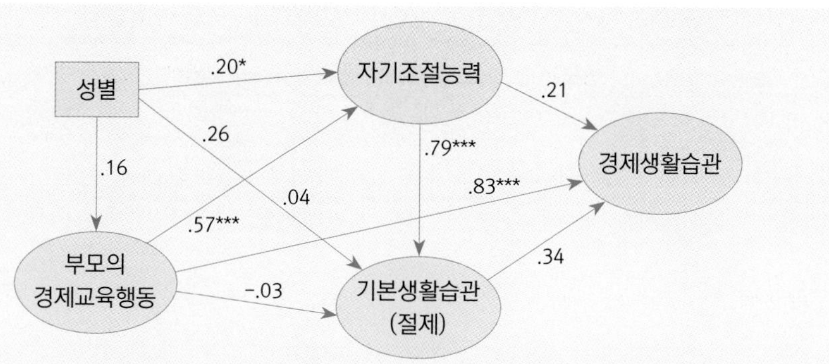

[그림 9-8] 경제생활습관의 최종모형에 대한 구조방정식 분석결과

[그림 9-8]과 〈표 9-4〉에서 제시된 바와 같이, 유아의 경제생활습관은 부모의 경제교육행동에 의해 직접 설명되는 것으로 나타났다(β=.83, p<.001). 그러나 유아의 자기 조절능력(β=−.21)과 기본생활습관(β=.34)에서 유아의 경제생활습관에 이르는 직접적인 경로는 유의하지 않은 것으로 나타났다. 즉, 유아의 경제생활습관은 부모가 유아에게 제공한 경제교육에 의해 의미 있는 예측이 가능함을 나타낸다. 유아의 기본생활습관(절제)이 경제생활습관에 미치는 영향은 β=.34, p<10(.072)으로 .10의 유의수준에서 유의한 것으로 나타나 추후 연구를 통한 세부적인 분석의 필요성이 제기된다.

유아의 기본생활습관(절제)에 영향을 주는 유아의 자기조절력과 부모의 경제교육행동의 영향을 살펴보면, 유아의 자기조절능력(β=.79, p<.001)에 대한 직접적인 설명력은 유의한 것으로 나타났으나 성별(β=.26)이나 부모의 경제교육행동(β=−.03)은 거의 설명력이 없음을 나타내었다. 즉, 유아의 자기조절능력이 유아의 기본생활습관(절제)을 잘 예측할 수 있음을 알 수 있다. 특히 유아의 성별은 유아의 기본생활습관(절제)에 이르는 직접적인 경로는 유의하지 않았으나, 유아의 성별(β=.29) → 자기조절능력(β=.79) → 기본생활습관(절제)으로 이어지는 간접적인 영향을 갖는 것으로 나타났다. 부모의 경제교육행동 역시 유아의 기본생활습관(절제)에 이르는 직접적인 경로는 유의하지 않았으나, 부모의 경제교육행동(β=57) → 자기조절능력(β=.79) → 기본생활습관(절제)의 간접적인 경로를 통해 설명될 수 있다.

참고: 이정수, 김성민, 이소정, 이경옥(2007).

부록

부록 1. 예제용 자료 소개

1. 연구도구

1) 교수효능감

교수효능감은 이정미, 이경옥(2019)이 개발한 도구로, Likert 5점 척도를 사용하였으며 점수가 높을수록 해당 영역의 교수효능감이 높은 것으로 해석한다.

〈표 1〉 교수효능감 조작적 정의, 문항구성 및 신뢰도

하위영역	구성요소	문항번호	문항수	신뢰도
환경구성 및 일과운영	흥미환경	1~4	17	.958
	안전환경	5~6		
	학습환경	7~12		
	일과운영	13~17		
생활지도	생활지도	18~21	14	.947
	분위기조성	22~31		
교수-학습방법	놀이지도	32~37	19	.966
	교수전략	38~44		
	동기유발	45~48		
	계획평가	49~50		
전 체			50	.982

2) 교사-영유아 상호작용

교사-영유아 상호작용은 이정숙(2003)의 유아교육 프로그램 평가척도 중 교사-영유아 상호작용에 대한 교사의 자기보고식 평정척도를 사용하였다. 각 문항은 Likert 5점 척도를 사용하였으며 점수가 높을수록 교사는 영유아와 긍정적으로 상호작용하는 것을 의미한다.

〈표 2〉 교사-영유아 상호작용 조작적 정의, 문항구성 및 신뢰도

하위영역	문항	문항수	신뢰도
정서적 상호작용	1, 6, 8, 10, 15, 17, 19, 24, 26, 28	10	.930
언어적 상호작용	2, 4, 9, 11, 13, 18, 20, 22, 27, 29	10	.908
행동적 상호작용	3, 5, 7, 12, 14, 16, 21, 23, 25, 30	10	.903
전 체		30	.970

2. 코딩북

<table>
<tr><th>변수명</th><th>자릿수
(단위)</th><th colspan="2">변수내용</th><th>변수값</th></tr>
<tr><td>id</td><td>1−3(1)</td><td colspan="2">설문지 고유 식별 번호</td><td>001−212</td></tr>
<tr><td>age</td><td>4(1)</td><td colspan="2">교사연령</td><td>① 20대
② 30대
③ 40대
④ 50대 이상</td></tr>
<tr><td>exp</td><td>5(1)</td><td colspan="2">교사경력</td><td>① 1년 미만
② 1년 이상 3년 미만
③ 3년 이상~6년 미만
④ 6년 이상</td></tr>
<tr><td>edu</td><td>6(1)</td><td colspan="2">교사학력</td><td>① 3년제 졸업
② 4년제 졸업
③ 대학원 졸업</td></tr>
<tr><td>type</td><td>7(1)</td><td colspan="2">근무기관유형</td><td>① 유치원
② 어린이집</td></tr>
<tr><td>class</td><td>8(1)</td><td colspan="2">담당유아연령</td><td>① 영아반
② 유아반</td></tr>
<tr><td rowspan="4">v1 to v50</td><td rowspan="4">9−58
(1)</td><td colspan="2">교수효능감(effic)</td><td rowspan="4">① 전혀 자신 없음
② 거의 자신 없음
③ 약간 자신 있음
④ 어느 정도 자신 있음
⑤ 매우 자신 있음</td></tr>
<tr><td>환경구성/
일과운영(eff1)</td><td>흥미환경(eff1a): 1−4
안전환경(eff1b): 5−6
학습환경(eff1c): 7−12
일과운영(eff1d): 13−17</td></tr>
<tr><td>생활지도(eff2)</td><td>기본생활지도(eff2a): 18−21
분위기조성(eff2b): 22−31</td></tr>
<tr><td>교수학습방법
(eff3)</td><td>놀이지도(eff3a): 32−37
교수전략(eff3b): 38−44
동기유발(eff3c): 45−48
계획평가(eff3d): 49−50</td></tr>
<tr><td rowspan="4">i1 to i30</td><td rowspan="4">59−88
(1)</td><td colspan="2">교사−영유아 상호작용(inter)</td><td rowspan="4">① 전혀 아니다
② 아니다
③ 보통이다
④ 그렇다
⑤ 매우 그렇다</td></tr>
<tr><td>정서적 상호작용(inter1)</td><td>1, 6, 8, 10, 15, 17, 19, 24, 26, 28</td></tr>
<tr><td>언어적 상호작용(inter2)</td><td>2, 4, 9, 11, 13, 18, 20, 22, 27, 29</td></tr>
<tr><td>행동적 상호작용(inter3)</td><td>3, 5, 7, 12, 14, 16, 21, 23, 25, 30</td></tr>
</table>

부록 2. 예제용 SPSS 명령문

예제용 연구문제

get file='teacher.sav'.

1) MANOVA

```
* 중다변량분석(MANOVA).
glm inter1 inter2 inter3 by exp
    /posthoc=exp(scheffe lsd)
    /emmeans=tables(exp)
    /print=desc homo rsscp etasq
    /design=exp.
```

2) 회귀분석 예제

① 상관관계

```
* Zero-Order Correlation.
desc var=exp edu effic inter.
corr var=exp edu effic inter.
```

② 동시적 회귀분석

```
* Simultaneous Regression.
regression variables=exp edu effic inter
    /statistics=r coeff anova cha zpp
    /dependent=inter
    /method=enter exp edu effic.
```

③ 단계적 회귀분석

```
* Stepwise Regression.
reg var=exp edu effic inter
    /statistics=r coeff anova cha zpp
    /dependent=inter
    /method=stepwise.
```

④ 위계적 회귀분석

```
* Hierarchical Regression.
reg rar=exp edu effic inter
    /statistics=r coeff anova cha zpp
    /dependent=inter
    /method=enter exp edu
    /method=enter effic.
```

⑤ 경로분석

```
*path analysis.
reg var=exp edu effic inter
    /statistics=r coeff anova cha zpp
    /dependent=effic
    /method=enter exp edu.
```

```
reg var=exp edu effic inter
    /statistics=r coeff anova cha zpp
    /dependent=inter
    /method=enter exp edu effic.
```

3) 신뢰도 분석

① 반분신뢰도

```
rel var=i1 i8 i15 i19 i26 i6 i10 i17 i24 i28
    /scale(inter1)=all
    /model=split
    /stat=desc scale.
rel var=i2 i9 i13 i20 i27 i4 i11 i18 i22 i29
    /scale(inter2)=all
    /model=split
    /stat=desc scale.
rel var=i3 i7 i14 i21 i25 i5 i12 i16 i23 i30
    /scale(inter3)=all
    /model=split
    /stat=desc scale.
```

② 내적합치도

```
rel var=v1 to v17
    /scale(eff1)=all
    /stat=desc scale
    /summary=all.
rel var=v18 to v31
    /scale(eff2)=all
```

```
    /stat=desc scale
    /summary=all.
rel var=v32 to v50
    /scale(eff3)=all
    /stat=desc scale
    /summary=all.
rel var=v1 to v50
    /scale(effic)=all
    /stat=desc scale
    /summary=all.
```

4) 요인분석

① 상관행렬을 이용한 요인분석

```
matrix data variables=rowtype_ lan eng his ari alg geo.
begin data
n 220 220 220 220 220 220
corr  1
corr .44  1
corr .41 .35 1
corr .29 .35 .16 1
corr .33 .32 .19 .60 1
corr .35 .33 .18 .48 .46 1
end data.

factor matrix in(cor=*)
    /analysis=lan eng his ari alg geo
    /print=kmo initial extraction rotation repr fscore
```

```
    /criteria=mineingen(1)
    /plot=eigen rotation
    /extraction=pc
    /rotation=varimax
    /method=correlation.
factor matrix in(cor=*)
    /analysis=lan eng his ari alg geo
    /print=kmo initial extraction rotation repr fscore
    /criteria=mineingen(1) delta(0)
    /extraction=pc
    /rotation=oblim
    /method=correlation.
```

② 원자료 활용한 요인분석

```
* 구성요소에 기초한 요인분석.
desc var=eff1a to eff1d eff2a eff2b eff3a to eff3d.
corr var=eff1a to eff1d eff2a eff2b eff3a to eff3d.

factor variable=eff1a to eff1d eff2a eff2b eff3a to eff3d
    /print=initial kmo repr extraction rotation
    /format=sort
    /plot=eigen
    /criteria=mineigen(1)
    /extraction=pc
    /rotation=varimax.
factor variable=eff1a to eff1d eff2a eff2b eff3a to eff3d
    /print=initial kmo repr extraction rotation
    /criteria=factor(3)
```

```
    /extraction=pc
    /rotation=varimax.

factor variable=eff1a to eff1d eff2a eff2b eff3a to eff3d
    /print=initial extraction rotation
    /criteria=factor(3) delta(0)
    /plot=rotation
    /extraction=pc
    /rotation=oblim
    /method=correlation.
```

부록 3. χ^2 분포표

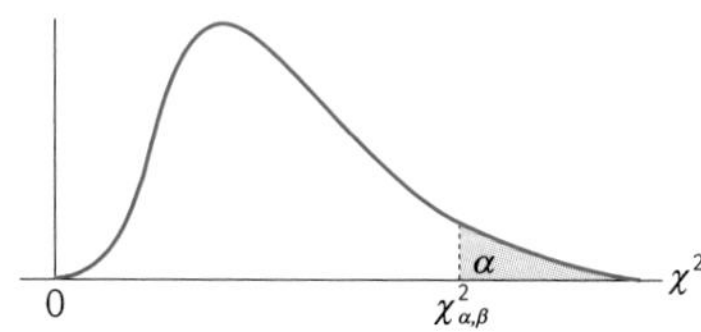

df	0.005	0.01	0.025	0.05	0.10	0.25
1	10.8276	6.6349	5.0239	3.8415	2.7055	1.3233
2	13.8155	9.2103	7.3778	5.9915	4.6052	2.7726
3	16.2662	11.3449	9.3484	7.8147	6.2514	4.1083
4	18.4668	13.2767	11.1433	9.4877	7.7794	5.3853
5	20.5150	15.0863	12.8325	11.0705	9.2364	6.6257
6	22.4577	16.8119	14.4494	12.5916	10.6446	7.8408
7	24.3219	18.4753	16.0128	14.0671	12.0170	9.0371
8	26.1245	20.0902	17.5345	15.5073	13.3616	10.2189
9	27.8772	21.6660	19.0228	16.9190	14.6837	11.3888
10	29.5883	23.2093	20.4832	18.3070	15.9872	12.5489
11	31.2641	24.7250	21.9200	19.6751	17.2750	13.7007
12	32.9095	26.2170	23.3367	21.0261	18.5493	14.8454
13	34.5282	27.6882	24.7356	22.3620	19.8119	15.9839
14	36.1233	29.1412	26.1189	23.6848	21.0641	17.1169
15	37.6973	30.5779	27.4884	24.9958	22.3071	18.2451
16	39.2524	31.9999	28.8454	26.2962	23.5418	19.3689
17	40.7902	33.4087	30.1910	27.5871	24.7690	20.4887
18	42.3124	34.8053	31.5264	28.8693	25.9894	21.6049
19	43.8202	36.1909	32.8523	30.1435	27.2036	22.7178
20	45.3147	37.5662	34.1696	31.4104	28.4120	23.8277
21	46.7970	38.9322	35.4789	32.6706	29.6151	24.9348
22	48.2679	40.2894	36.7807	33.9244	30.8133	26.0393
23	49.7282	41.6384	38.0756	35.1725	32.0069	27.1413
24	51.1786	42.9798	39.3641	36.4150	33.1962	28.2412
25	52.6197	44.3141	40.6465	37.6525	34.3816	29.3389
26	54.0520	45.6417	41.9232	38.8851	35.5632	30.4346
27	55.4760	46.9629	43.1945	40.1133	36.7412	31.5284
28	56.8923	48.2782	44.4608	41.3371	37.9159	32.6205
29	58.3012	49.5879	45.7223	42.5570	39.0875	33.7109
30	59.7031	50.8922	46.9792	43.7730	40.2560	34.7997
40	73.4020	63.6907	59.3417	55.7585	51.8051	45.6160
60	99.6072	88.3794	83.2977	79.0819	74.3970	66.9815
120	173.6174	158.9502	152.2114	146.5674	140.2326	130.0546

참고문헌

김혼숙, 이경옥(2000).아동의 자아개념 발달과 부 · 모 · 교사의 자아개념 추론에 관한 연구. 아동학회지, 21(1), 73-83.

박성진, 이경옥(2019). 영아의 어린이집 초기적응 척도 개발 및 타당화. 열린유아교육연구, 24(6), 101-126.

박혜원, 이경옥(2016). 한국아동의 지적 특성. 아동학회지, 37(6), 157-168.

박혜원, 이경옥, 이상희, 박민정(2016). 한국 Wechsler 유아지능검사 4판(K-WPPSI-IV)의 표준화연구: 신뢰도와 타당도 분석. 한국보육지원학회지, 12(4), 111-130.

성태제(1996). 타당도와 신뢰도. 서울: 양서원.

양지혜, 이경옥(2014). 그림책을 활용한 통합적 활동이 유아의 대인문제해결과 자아탄력성에 미치는 영향. 인지발달중재학회지, 5(1), 95-112.

엄정애(2007). 유아주도적인 놀이상황과 교사주도적인 일 상황에서 인지적 협력구성 비교 연구. 유아교육 연구, 27(4), 161-185.

염선희, 이경옥(2016). 유아의 작업기억과 처리속도 및 부적응행동 간의 관계 연구. 인지발달중재학회지, 7(1), 1-13.

윤혜주, 이경옥(2019). 유아교사의 배경변인 및 음악교수 내용지식과 음악교수 효능감의 관계. 유아교육 · 보육복지연구, 23(3), 201-228.

이경옥(2004). 유아 기질 척도(CBQ)의 타당화를 위한 기초 연구. 유아교육연구, 24(5), 101-120.

이경옥, 박혜원, 이상희(2015). 한국 웩슬러 유아지능검사(K-WPPSI-IV) 표준화를 위한 예비연구. 열린유아교육 연구, 20(1), 811-832.

이경옥, 박혜원, 이상희(2016). 한국 웩슬러 유아지능검사 4판(K-WPPSI-IV)의 지능구조에 관한 연구. 아동학회지, 37(6), 107-117.

이경옥, 오새니, 심혜진, 이상희(2016). 한국 유아용 Burks 행동평정척도(K-BBRS-2) 타당화를 위한 예비연구. 한국보육지원학회지, 12(3), 159-176.

이경옥, 이상희, 박혜원(2017). 아동청소년용 한국 Burks 행동척도 제2판(K-BBRS-2) 타당화 연구. 2017년 한국아동학회 추계학술대회 학술발표논문집, 215-216.

이정미, 이경옥(2019). 유아교사 교수효능감 척도 개발 및 타당화 연구, 유아교육연구, 39(5), 189-212.

이정수, 김성민, 이소정, 이경옥(2007). 유아의 경제생활습관과 관련된 변인들 간의 구조모형 분석: 유아의 성별, 자기조절능력, 기본생활습관 및 부모의 경제교육행동을 중심으로. 유아교육연구, 27(5), 271-287.

이정숙(2003). 교사경력과 유아연령에 따른 교사-유아 상호작용. 계명대학교 대학원 석사학위논문.

이지영, 강성숙, 이경옥(2009). 유아의 성별, 기질, 정서지능 및 어머니의 또래관계 관리전략과 유아의 또래유능성 간의 구조적 관계 연구. 유아교육연구, 29(5), 45-64.

홍세희(2000). 구조 방정식 모형의 적합도 지수 선정기준과 그 근거. 한국심리학회지 임상, 19(1), 161-177.

Aiken, L., S & West, S. G. (1991). *Multiple regression: Testing and interpreting interactions*. Thousand Oaks, CA: Sage Publications.

Akaike, H. (19874). Factor analysis and AIC. *Psychomerika, 52*, 317-332.

Arbuckle, J. L. (1997). AMOS *user's guide version 3.6*. Chicago, IL; SmallWaters Corp.

Bentler, P. M. (1985). *Theory and implementation of EQS: A structural equations program*. Los Angeles, CA: BMDP Statistical Software, Inc.

Bentler, P. M. (1990). Comparative fit index in structural mode. *Psychological Bulletin, 107*, 238-246.

Byrne, B. M. (2010). *Structural Equation Modeling with AMOS: Basic oncepts, Applications, and Programming* (2nd ed.). New York, NY: Routledge.

Campbell, D. T., & Fiske, D. W. (1959). Convergent and discriminant validation by the multitrait-multimethod matrix. *Psychological Bulletin, 56*(2), 81–105.

Cattell, R. B. (1966). The data box: Its ordering of total resources in terms of possible relational systems. In R. B. Cattell (Ed.), *Handbook of multivariate experimental psychology* (pp. 67–128). Chicago, IL: Rand McNully.

Cattell, R. B. (1978). *The Scientific Use of Factor Analysis in Behavioral and Life Sciences*. Plenum, New York.

Cronbach, L. J. (1951). Coefficient alpha and the internal structure of tests. Psychometrika, 16, 297–334.

Davies, M., & Fleiss, J. L. (1982). Measuring agreement for multinomial data. *Biometrics, 38*(4), 1047–1051.

Fassinger, R. E. (1987). Use of structural equation modeling in counseling psychology research. *Journal of Counseling Psychology, 34*(4), 425–436.

Gorsuch, R. L. (1983). *Factor Analysis* (2nd ed.). Hillsdale, NJ: Lawrence Erlbaum.

Hayes, A. F. (2013). *Introduction to mediation, moderation, and conditional process: A regression-based approach* (pp. 282–290). New York: The Guilford Press.

Hayes, A. F., Glynn, C. J., & Huge, M. E. (2012). Cautions regarding the interpretation of regression coefficients and hypothesis tests in linear models with interactions. *Communication Methods and Measures, 6*(1), 1–11.

Jöreskog, K. G., & Sörbom, D. (1984). *LISREL–VI user's guide* (3rd ed.). Mooresville, IN: Scientific Software.

Jöreskog, K. G., & Sörbom, D. (1993). LISREL 8: Structural equation modeling with the SIMPLIS command language. Scientific Software International; Lawrence Erlbaum Associates, Inc.

Kaiser H. F. (1960). The application of electronic computer to factor analysis. *Educational and Psychological Measurement, 20*, 141–151.

Lawley, D. N., & Maxwell, A. E. (1973). Regression and Factor Analysis. *Biometrika, 60*(2), 331–338.

Lawley, D. N., & Maxwell, D. N. (1973). Regression and factor analysis. *Biometrics, 60*(2), 331-338.

Lawshe, C. H. (1975). A quantitative approach to content validity. *Personnel Psychology, 28*(4), 568.

Lee, I. H. (2020). EasyFlow Statistics macro. Retrieved from: http://www.statedu.com. KOREA. DOI: 10.22934/StatEdu.2020.01

Lee J. Cronbach, L. J. (1951). Coefficient alpha and the internal structure of tests. *Psychometrika, 16*, 297-334.

Lindley, P., & Walker, S. N. (1993). Theoretical and methodological differentiation of moderation and mediation. *Nursing Research, 42*(5), 276-279.

Lindsay, P., & Lindsay, C. H. (1987). Teachers in preschools and child care centers: Overlooked and undervalued. *Child and Youth Care Quarterly, 16*(2), 91-105.

Muthén, L., & Muthén, B. (19989). *Mplus user's guide*. Los Angeles, CA: Muthén & Muthén.

Nunnally, J. C. (1978). *Psychometric Theory* (2nd ed.). New York: McGrow-Hill.

Pedhazur, E. (1982). *Multiple regression in behavioral research: Explanation and prediction* (2nd ed.). New York: Holt, Rinehart & Winston.

Richard F. H., & Michael V. E. (1987). Multivariate Analysis of Variance. *Journal of Counseling Psychology, 34*, 404-413.

Richardson, M. W., & Kuder, G. F. (1939). The calculation of test reliability coefficients based on the method of rational equivalence. *Journal of Educational Psychology, 30*(9), 681-687.

Steiger, J. H., & Lind, J. M. (1980). *Statistically based tests for the number of common factors*. Paper presented at the annual meeting of Psychometric Society, Iowa City, IA.

Steiger, J. H. (1990). Structural model evaluation and modification: An interval estimation approach. *Multivariate Behavioral Research, 25*, 173-180.

Thurstone, L. L. & Chave, E. J. (1929). *The measurement of attitude. A psychophysical method and some experiments with a scale for measuring attitude toward the Church*. Chicago: The University of Chicago Press.

Tucker, I. R., & Lewis, C.A. (1973). A reliability coefficient for maximum likelihood factor analysis. *Psychomerika, 38*, 93–104.

Wampold, B. E., & Freund, R. D. (1987). Use of multiple regression in counseling psychology research: A flexible data-analytic strategy. *Journal of Counseling Psychology, 34*(4), 372–382.

Warne, R. (2014). A Primer on Multivariate Analysis of Variance(MANOVA) for Behavioral Scientists. *Practical Assessment, Research, and Evaluation, 19*(17). DOI: https://doi.org/10.7275/sm63-7h70.

Weinberg, S. L. (1982). Path analysis. In S. L. Mitzel (Ed.), *Encyclopedia of Educational Research (vol. 3)* (5th ed.). (pp. 1382–1387). New York: Free Press.

찾아보기

저자 소개

이경옥(Lee, KyungOk)

University of Southern California 교육심리-유아교육연구방법 전공(Ph. D)
덕성여자대학교 유아교육과 교수(2002~현재)

[저서 및 역서]

SPSS 명령문을 활용한 유아교육연구 분석(학지사, 2015)
K-WIPPSI-IV 한국 웩슬러 유아지능검사 4판(공저, 인싸이트, 2016)
아동연구방법론(공저, 창지사, 2019)
아동관찰 및 행동 연구 3판(공저, 창지사, 2021)
아동발달 제9판(공역, 시그마프레스, 2015)

oaklee@duksung.ac.kr

SPSS와 AMOS 활용 예제와 함께

유아교육연구를 위한 고급통계

Advanced Statistical Analysis for Early Childhood Educational Research with Examples of SPSS & AMOS

2021년 8월 20일 1판 1쇄 인쇄
2021년 8월 30일 1판 1쇄 발행

지은이 • 이경옥
펴낸이 • 김진환
펴낸곳 • (주) 학지사
04031 서울특별시 마포구 양화로 15길 20 마인드월드빌딩
대표전화 • 02)330-5114 팩스 • 02)324-2345
등록번호 • 제313-2006-000265호

홈페이지 • http://www.hakjisa.co.kr
페이스북 • https://www.facebook.com/hakjisabook

ISBN 978-89-997-2484-8 93310

정가 18,000원

자료분석 데이터 파일은 학지사 홈페이지 내
도사자료실에서 다운받아 사용하세요.